Architecture Dramatic 丛书

医疗福利建筑室内设计

[日] Ruriko Nii　Hitomi Umesawa　著
陈浩　陈燕　译

中国建筑工业出版社

著作权合同登记图字：01-2008-5855 号

图书在版编目（CIP）数据

医疗福利建筑室内设计/（日）Ruriko Nii，Hitomi Umesawa 著；
陈浩等译．—北京：中国建筑工业出版社，2010.11
（Architecture Dramatic 丛书）
ISBN 978-7-112-12402-2

Ⅰ.①医… Ⅱ.①R…②陈… Ⅲ.①医院-室内设计 Ⅳ.①TU246.1

中国版本图书馆 CIP 数据核字（2010）第 168974 号

Japanese title：Iryouhukushishisetsu no Interiadezain
by Ruriko Nii，Hitomi Umesawa

Original Japanese edition
published by SHOKOKUSHA Publishing Co.，Ltd.，Tokyo，Japan

本书由日本彰国社授权翻译出版

责任编辑：白玉美　刘文昕
责任设计：陈　旭
责任校对：马　赛　刘　钰

Architecture Dramatic 丛书
医疗福利建筑室内设计
［日］Ruriko Nii　Hitomi Umesawa　著
陈浩　陈燕　译
*
中国建筑工业出版社出版、发行（北京西郊百万庄）
各地新华书店、建筑书店经销
北京嘉泰利德公司制版
北京中科印刷有限公司印刷
*
开本：787×1092 毫米　1/32　印张：8　字数：256 千字
2011 年 1 月第一版　2011 年 1 月第一次印刷
定价：**30.00** 元
ISBN 978-7-112-12402-2
（19672）

前　言

当人们身体出现不适症状的时候，都有过到医院寻医就诊的经历。医生为了对到访医院的患者进行准确无误地诊断，有时需要借助必要的医疗器械和仪器。而如何为患者提供一个舒适安全的就诊的环境，则是建筑师们需要认真思考的问题。

日本从20世纪50年代才开始认真关注医疗设施的建筑设计问题。建筑师首先需要了解医院内部各个空间的基本功能，在此基础上进行医院的内部规划设计，这样才能确保对医院的设计布局更具有科学依据。

建筑师在设计医院建筑时，需要从患者的角度出发，关注患者的切身感受。对于患者而言，到医院看病也是没有办法的事情，医院既是患者们“不想再次光顾的场所”，也是“不想长时间逗留的地方”。如果建筑师能充分从患者的角度出发，则有利于提高医院的使用效率和诊疗准确度，使医院成为减轻患者病症的理想“治愈环境”。

建筑师在设计各种福利设施的时候也应当秉承以患者为中心的设计理念。在过去相当长的一段时间内，很多建筑师在设计老龄专用设施、残疾人士的康复设施、儿童设施等福利设施的时候，往往仅从福利设施机构管理者的角度出发。那种福利设施只为老龄人士提供服务的时代已经过去，现在这些设施不仅能为残疾人士进行康复治疗提供便利，而且设施的服务对象已经变成整个社区的全体居民。设施的使用者无不希望福利设施成为人们放松心情的休闲场所。在日本，虐待儿童已经成为非常严重的社会问题，很多福利设施成为受虐儿童的庇护场所。在儿童福利设施里，受虐待的儿童们心灵能得到抚慰，能让这些儿童深刻地感受到社会对他们的关爱。

现在更多的人愈来愈关注日本的保健、医疗等福利设施的环境状况，关注这些设施能否为患者提供良好的治愈环境和康复环境，关注这些设施能否为患者创造心情舒畅、情绪放松的"治愈环境"。

创造良好的"治愈环境"，既离不开设施内的看护、护理、管理等软件要素，也离不开设施内的装饰、设备、庭院环境等硬件要素。过去日本往往优先考虑的是制定相关的福利政策等软件要素，但是近年来人们越来越多地关注室内装饰设计等硬件要素，特别关注对治愈环境产生重要影响的内部装饰，家具设计、绘画摄影作品的布置、插花的位置等装饰要素。在日本，人们谈到室内装饰设计更多的是以宾馆等商业设施或住宅为对象的室内设计，而关于医疗福利设施的室内装饰设计资料是少之又少。

本书选用以医院为代表的医疗设施和以老龄人士、残疾人士、儿童为服务对象的福利设施为切入点，Ruriko Nii 和 Hitomi Umesawa 两位作者以女性的视角，向读者描述了怎样从细微之处入手，营造让患者满意的治愈和居住环境。本书逐一翔实地讲述了家具、采光、照明、通风、隔声、装饰材料、色彩、标识等室内装饰设计要素的特点，并且结合两位作者对日本国内和海外众多相关福利设施的实地考察经历，将实地感受和切身体会，一一展现在读者面前。

未来的社会是老龄化社会，很多人所患的疾病不可能立即治愈康复，疾病会长期伴随着部分患者走完人生的旅程。如何为这些患有慢性疾病的患者创造一个与其日常生活相接近的治愈环境，是建筑师需要面对的问题。如果能营造一个良好的室内环境，则有利于老龄患者们的疾病治疗，也有利于患有认知功能障碍的患者治疗。而为孩子们提供良好的生活环境，也是社会应尽的责任，要让孩子们感受到全社会对他们的关爱。本书用众多的实例来描述福利设施如何为老龄人士、残疾人士、儿童创造良好的居住环境。

现在的医疗和福利设施不再将提高效率和完善管理职能作为优先考虑的范畴，而需要从制度上保证对医疗和福利设施进行必要的装饰改造，创造让患者满意的治愈环境。由使用者自主选择福利设施的时代已经到来了。

本书通过众多的实例论述了福利设施的建筑环境和设施的运营管理具有同等的重要性。

东京大学大学院工学系研究科建筑学专业教授　**长泽泰**

目　录

第4章 日本的实例 Ruriko Nii Hitomi Umesawa

第5章 海外的实例 Ruriko Nii Hitomi Umesawa

第1章　医疗福利设施的室内装饰设计

Ruriko Nii

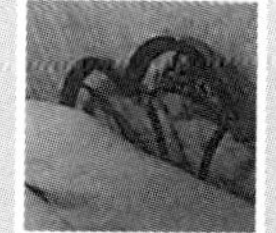

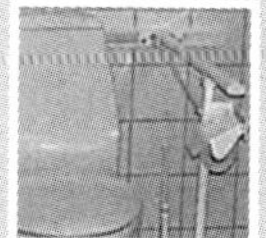

为什么要研究医疗福利设施的室内装饰设计？

日本医疗福利设施的内部空间布局过于简单

当人们听到“医院”一词的时候，会联想到怎样的一个空间概念呢？很多人会不约而同地联想到医院那长而灰暗的走廊、冰冷的墙壁和从坚硬的地面上传来的护士们叮叮作响的走步声音，医院是许多人不想再次光顾的场所。医院不仅能让人产生“患病”的负面联想，而且还能联想到患者在医院候诊时那种令人沮丧的心情。尽管现在日本许多私人诊所采用类似宾馆式的室内装饰设计，并且赢得了相当多的女性患者的青睐，但是更多的医疗福利设施依然采用传统而简单的设计风格装饰室内的空间。

追溯日本医院的发展历史就不难理解为什么日本的很多医疗设施都采用这种有煞风景的室内装饰设计风格。古代的日本一直以传统的中医作为诊疗治病的主体医学，只是到了明治维新的前后才开始建设医疗设施，这些医疗设施也就成了日本现代医院的前身。日本明治政府为了在日本普及西洋医学，把建设各种医学院看成为比建设医院更为重要的事情，把培养掌握西洋医学的医师作为当务之急。长泽泰教授曾经指出过：“西方非常重视建设医院，并且不断完善医院的看护和治疗的功能；而日本则重视对医师的培养，将医院看成是医师进行诊疗治病的场地。这就是现在日本的医院只是‘治疗的工厂’而不是‘疗养的场所’的原因所在”[1]。

现在的福利设施可以根据使用者的不同身份划分成老龄、残疾、儿童等多种类型的福利设施。但是日本在战后建立福利设施的最初目的只是用来收容无家可归的穷困潦倒者，为这些人提供一个能遮风避雨的基本生活场所。因此这类的福利设施在建设时更多的是考虑施工成本和施工速度，而对于福利设施的居住舒适性则考虑的不多。在日本战后经济高速发展的时期，这些福利设施为很多私生子提供了居住的场所，使他们感受到了社会对他们的关爱。

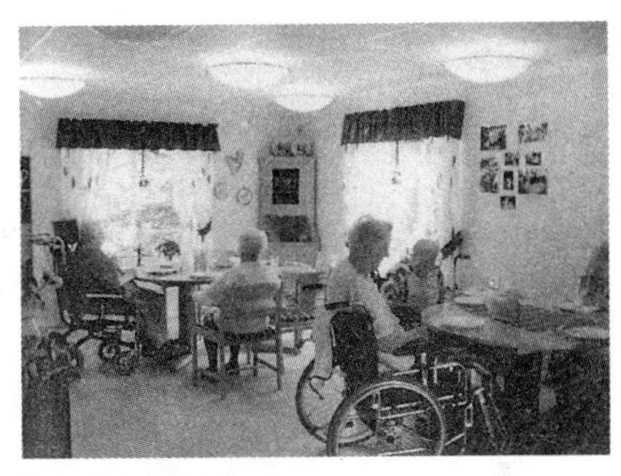

舒适的老龄福利设施
（瑞典，特罗尔杰哥德福利设施）

基于这样一种历史背景，要求医疗福利设施按照患者需求进行专门的室内装饰设计就成为一种奢望。而在同一时期，以北欧为代表的福利制度先进的国家，以患者的需求为第一需要，建设了很多充满人性关怀的各种福利设施，出现了在日本所看不见的高品质福利设施的室内装饰设计。这些室内设计将福利设施内装饰一新，无论从庭院的绿化布置，还是到室内的采光布局，甚至连室内的窗帘及花饰和色彩的选择，以及室内家庭化的家具，都体现了设计师独具匠心的设计思想。

和北欧地区相比，日本的福利设施的室内装饰设计就显得非常的单调。尽管有前面所述的历史背景因素，但是也有日本和欧洲在室内空间的装饰设计上存在着价值观上的差异。

室内装饰设计在欧洲有悠久的历史。西欧式的住宅出于抵御外敌和对自然环境的考虑，一般门口设计得比较隐蔽。尽管

日本传统住宅中房屋建筑和室内设计融为一体

有时门厅会显得比较灰暗，但是室内的生活空间则十分明快，在墙壁和地面上一般有壁毯和地毯，家具也是有规律地摆放，这还仅是最基本的室内装饰设计。

日本是个四季分明的国家，自古就采用木材作为传统的建筑材料。从传统的日式建筑中可以看到和自然环境相适应的宽廊和窄廊的设计，以及独到的室内隔扇、拉门、拉窗、榻榻米等布局。日本传统的建筑风格是将建筑和室内装饰设计融为了一体，这也是日本为什么自古以来就没有专门独立的室内装饰设计思想的根本原因[2]。

但是随着现代工业的飞速发展，以木材为代表的日本传统建筑材料也逐渐被钢筋混凝土所替代，人们住进了钢筋混凝土结构的建筑中，传统的木质套窗和拉窗也变成了铝制的窗户，拉门、榻榻米、坐垫的材料也换成了高分子材料。很多私人住宅采用了西式的建筑设计，人们愈来愈重视室内空间的装饰设计。与一般住宅不同的医疗福利设施，建筑师也更加关注这些“设施类建筑”的功能性和使用效果，根据设施的不同功能进行专门的室内装饰设计。

从重视功能性和使用效果向重视舒适性和治愈效果的转变

基于上述日本医疗福利设施的建筑背景，近年来人们对医疗福利设施的居住舒适性的要求变得越来越突出，经历了经济高速发展的日本，人们已经从追求“衣”、“食”转到了“住”的问题上，人们不再要求医疗福利设施只起到遮风避雨的作用，而更关注在这些医疗福利设施内环境的舒适性问题。

在20世纪90年代，美国率先提出了“治愈环境”的概念。这是因为已经有很多的实例科学地证明，良好的治愈环境有利于患者早日康复。如果患者长时间的居住在ICU（即加强治疗科或称为重症监护室）里，整日面对着缺乏变化的灯光，聆听着不绝于耳的仪器电子声响，看着周围色彩单调的墙壁，不可避免地会出现失眠和幻觉等ICU综合症。在这样噪声不断、没有窗户的病房内，患者只能借助镇痛剂平定自己精神上的不安。很多实例已经证明，只要让患者眺望室外的庭院数分钟，观赏庭院中的树木、花草、流水等自然景致，患者的血压就会有明显的下降[3]。

日本近年来关注医院治愈环境的人士越来越多，以治愈环境为主题的大会和专题研讨会也逐渐增多。1994年日本成立了“治愈环境研究会”，该研究会提出了“医院不仅要治疗患者的疾病，更要关注患者的身心健康”的观念。现在关注医院的治愈环境已经成为日本社会的基本共识[4]。

在外山义先生的倡导下，日本社会越来越关心老龄福利设施的建设。外山义先生认为要把老龄福利设施看成是“追求生命的生活空间”，要努力提高老龄福利设施的建筑质量，在推进单元化的设计同时，要注重公开性、半公开性、私密性空间的合理布局，既要借用日本传统建筑中各种建筑要素，也要按照老龄人士的生活特点，把老龄福利设施建设成一个将集体的养老院和个人的生活单元完美结合的建筑。

在北欧地区，目前不再建设大规模集中接纳残疾人士入

良好的治愈环境（日本锦绣苑的中央院落）

住的残疾福利设施，而是在残疾人生活的不同社区内建设相应的福利设施。2004 年随着日本宫城县接收残疾人士的福利机构的解散，日本也从大规模集中接收残疾人士向为生活在不同地区的残疾人士提供帮助的福利制度转变。随着“支持残疾人士自立”法案的通过，支持残疾人士成为日本社会和福利机构常态化的工作。

日本接收儿童的福利设施也在发生改变，从过去能接收几十人的大型儿童福利设施向建设接收十人左右的小规模福利设施转变。但是随着日本社会虐待儿童事件的不断增加，如何向幼儿到 18 岁处于成长期的孩子提供帮助，仍然是十分复杂的社会问题，怎样为这些孩子提供家庭般的生长环境仍然是日本社会今后面临的十分棘手的课题。

使生活丰富多彩的室内装饰设计

现在的医疗福利设施已经由重视设施的功能向重视治愈环境的方向上发生转变，在建设福利设施时更加重视能否为患者提供“家庭式的空间”、“温暖的治愈空间”。在这样的设计思想影响下，福利设施内的人均使用面积较过去都有了很大的提高，而且每个房间居住的患者人数也在下降。随着人均使用面积的增加，福利设施的环境质量改善成为可能，使得提供“家庭式的空间”、“温暖的治愈空间”不再成为一句空话。

如果致力于改善治愈的环境，就应当想到医疗和福利设施不仅仅是实施手术和进行药物治疗的场所，而是要采用多样的治疗手段和方法治愈患者的病情，而且特别重视治愈环境对患者心理上带来的影响。例如有通过园艺作业对患者实施的园艺疗法；对患有认知功能障碍的老龄患者布置一个其熟悉的环境，用来帮助恢复其原有的记忆而采用的环境疗法；其他非常规的疗法还有动物疗法、音乐疗法、装饰疗法等等。但是这些以治愈患者病情为目的的各种疗法，目前仍然在室内装饰寒酸的设施内进行。采用这些疗法治愈患者，不是一蹴而就的事情，需要一个长期的治疗过程，但是在这样一个日常的生活环境中，怎样才能鼓起患者继续生活下去战胜疾病的勇气呢？因此为患者创造一个 24 小时都舒适的治愈环境是十分必要的事情。

良好的室内装饰布局（英国，潘哈斯特学校）

如果采用音乐疗法，并不是简单地从哪一天的几点在哪个病房里开始实施，而是需要统筹考虑为患者创造一个怎样的日常生活的声音环境。需要考虑早上唤起患者时采用何种音乐，晚上采用何种利于患者入眠的音乐，什么时候采用小鸟的啼鸣声，什么时候又换成了大海的波浪声。在患者就餐的时候采用什么样的照明设计容易增加患者的食欲，餐后患者坐在什么样的椅子上更为舒适，在房间里布置什么样的窗帘更能显得室内春意盎然等等。我们需要对患者生活的点滴事情进行仔细观察，才能为患者创造良好的治愈环境。

现在人们不断地追求医疗福利设施内的高品质生活空间，成功的室内装饰设计可以为患者提供一个心情舒畅的良好治愈环境。

医疗福利设施的室内装饰现状

如何确定设施内采用何种的室内装饰

究竟是由什么人、什么时候决定采用何种的室内装饰，在考虑这个问题之前，有必要先搞清楚室内装饰的内涵到底是什么？将“interior”直译过来的含义就是指室内装饰，狭义地理解室内装饰则包括椅子、桌子、沙发等家具，以及绘画、陈设物、日常用品的室内布置。室内装饰还包括室内地面、墙壁、顶棚、照明器具的布局，也包括窗户和室内大门的开启方式等基本要素。从广义上理解室内装饰还应包括周围的声音环境、空调设备的安装位置等超出了“室内”范畴的属于室外的装饰要素。

首先，建筑师在设计室内装饰设计方案时，既要考虑内部装饰、色彩搭配的问题，也要统筹考虑环境的规划设计方案。对于大型的建筑设施，设施的总体装饰设计方案需要建筑师统筹规划，而类似灯光系统、各种标识一类的设计布局，则可以由专业的设计师进行设计。建筑物一些附属设施的设计规划，也是属于设计事务所职责范围内的事情。

其次，设计事务所有必要对设施内选用何种式样的椅子、桌子等家具提出自己的初步意见，同时也要向业主提出在何处设立伞架、垃圾箱等附属用品的建议，在投标书内一般应当包括这些用品的金额。因为医疗设备往往价值上千万日元，这些设备是直接服务于患者的。医疗设备的好坏往往直接影响医院的收入，因此在投标医疗设施时还应单独列出各种医疗仪器的费用。而家具一类的用品往往不能再创造价值，因此选择的家具及普通用品的价格应尽可能的低廉。

在日本建设养老院和残疾人士的福利设施，其建设费和设备费的四分之三是来自于政府补贴。按照相关的规定，在开工建设的前一年必须要将工程的计划书以规定的文本格式向政府有关部门提交，并且工程计划书一旦得到政府的批准，在工程实施的过程中未经许可严禁有任何的变更。这的确是一个非常僵硬的制度。在这样一种制度下，对于家具等小件的物品还不必特别担心，但是按照规定采购的价格昂贵的康复器具和医疗设备由于不能立即投入使用，而降低了资金的使用效果。并且只能放置在一旁甚至落满了灰尘。类似这样将政府补贴不能有效利用的例子不胜枚举。这或许也是造成没有足够的政府补贴用于医疗福利设施的室内装饰的一个原因吧。由于近年来日本政府实施紧缩的财政政策，从多方面消减了政府多种补贴，将仪器设备和建筑设施统筹考虑以期得到政

室内的墙面上装饰着一个贴板

府资助的设想也变得不再现实，今后的发展趋势是主要通过福利机构的自筹资金来实现改善室内装饰的目的。因此人们既需要重新认识到医疗福利设施进行室内装饰的重要性，也要认识到医疗福利设施资金来源多元化的必要性。

几十亿日元的建筑为何选用如此简单的家具

在日本实施看护保险制度之前，曾经有著名的建筑师设计了专门接受老人的特别养老院。这座养老院的造价达到了 30 亿日元，整座建筑的外观十分气派，大门就如同宫殿的大门一样。但是进入养老院后看到内部的家具基本上是样式单一、颜色单调的办公家具，和豪华的建筑相比显得是如此的不协调。这是因为基本的建筑费都用在了设施的建设上，最后只留下很少的预算作为房间内部的装饰。事实上设施内的椅子、桌子、窗帘等用品，在很大程度上会影响着内部的空间氛围。而这些费用只占工程总体建筑费中很小的份额，在一个 30 亿日元的工程中，家具的费用是非常少的。

椅子和桌子是影响建筑设施内空间氛围的重要要素

建筑设施的外观和室内家具不协调的现象不仅仅出现在各种福利设施中，也出现在其他的建筑中。例如日本某大学的艺术系，该建筑物的外观十分气派，休息大厅内也布置了与之相配的座椅。但是一旦进入到其中某个研究室内，映入眼帘的是杂乱无章地摆放着的老式铁质架子和桌子。在高高的顶棚下，这样一种家具布置，使人产生一种有煞风景的感觉。究竟是何种原因造成了这样一种不和谐的现象呢？

一个重要的原因是日本社会对家具的价值观和其他国家不一样。在北欧地区的福利设施内，摆放的家具是经过专门设计并且做工质量非常讲究。在日本一把价值 6 ~ 10 万日元的高档座椅，在北欧地区的老龄福利设施内的食堂里随处可见，而在日本基本上购置的是价格低廉的座椅。不光如此，北欧地区工程建设费和家具购置费的比例也和日本不一样。日本自古以来就将室内装饰和房屋建筑看成是一个整体，在日本的传统建筑观念中，建设费主要用来建设建筑物的主体，而建筑物内的其他用品的费用要尽可能的低。因此在和业主一起制定设备和用品的购置计划时，能够创造利润但价格昂贵的设备费用所占的比例就比较高，结果只留下很少的预算仅能购买低廉的家具，造成了日本建筑设施外观和内部装饰出现不协调的现象。

希望购置的东西在商品目录上找不到

在考察北欧地区的老龄福利设施的时候，首先引人注目的是设施内多彩的窗帘。当阳光透过窗帘照射到房间里，使整个房间充满了柔和的色彩。用窗帘装饰的窗户，就如同安装在墙壁上的画框一样，可以透过窗户看到户外迷人的景致。

从北欧回到日本之后，计划在日本也建设如同北欧一样装饰效果的老龄福利设施[5]。“要把房间布置成和北欧一样的空间氛围”，就要选用类似北欧福利设施内的多彩窗帘。这种老龄福利设施内的多彩窗帘，要求具有基本的阻燃功能，而且一旦

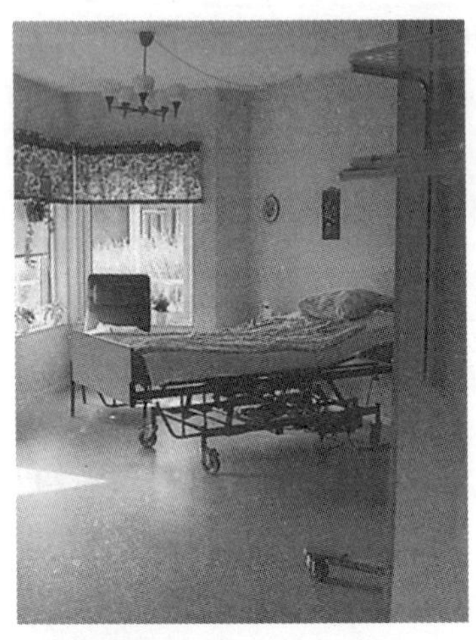

能透过光线的窗帘
（瑞典，特罗尔杰哥德福利设施）

坐便器旁边的扶手
（瑞典，特罗尔杰哥德福利设施）

染上了污垢，用水就可以很轻松地洗涤干净。“阻燃”、“易洗涤”成为选择窗帘的必备条件，为此向相应的多家制造企业发出邮购需求，但是杳无音信。在相应制造企业的产品陈列室内，驻足仔细观看产品的样品，没有发现类似北欧地区的轻质、鲜艳、多彩的窗帘布。而日本面向医疗福利设施的生产企业提供的布样一般仅仅具有“抗菌”、“除臭”等一般功能。

在考察北欧地区老龄福利设施的时候，另一个让人吃惊的是安装的那些“特别扶手”。日本残疾人士专用的卫生间里，一般安装着较粗的不锈钢扶手，而在北欧地区福利设施内卫生间的坐便器的侧面，则安装着较细的白色高档扶手。当人们一看到并触摸到这样的扶手时很自然地就产生一种安全感，握紧扶手很容易地进行上、下运动，在扶手的下方还安装了放置卫生纸的架子。在日本的福利设施里，很少能看到如此用心的设计，几乎全是将扶手固定在坐便器旁边的墙壁上。从产品目录上可以看到，尽管日本生产扶手的企业确实不少，但是并不生产在北欧地区福利设施内所看到的那种“特别扶手”。为什么会出现这样的结果，这是值得日本相关企业集体反思的。

当作者询问日本生产窗帘的企业：“为什么日本没有多彩、鲜艳的窗帘呢？”得到的回答是要开发设计新的窗帘样式，需要购进新的织机和投入必要的设计费用，由于开发新产品的投入比较多，因此决定了新产品的价格就比较高，造成了购买新式窗帘的顾客就会比较少。尽管日本一直强调开发新产品的重要性，但是真要付出实施还需要相当时间的不懈努力。

运营管理的价值和未来的前景

舒适的室内装饰有利于提升运营管理水平

在日本曾经发生过这样的事情，在某个老龄福利设施居住的患有认知功能障碍的老年患者，曾经打开冰箱门将拖鞋放到了冰箱里。再进一步追问冰箱究竟放置在何处，原来冰箱就放在房间的门口走廊旁。把冰箱放置在房间的入口处，对于进门就换鞋的老人来说，也就不难发生这种将拖鞋放入冰箱的令人好笑的事情了。听到这种事情，令人感到可笑的是为什么设施的管理者要将冰箱放在进门换鞋的地方呢？

对于患有认知功能障碍的老人而言，周围的生活环境对其会产生很大的影响。对治愈环境进行必要的设计，有利于患者们减轻相应的病症。如果完全不考虑环境对认知功能障碍患者的影响，反而容易引起患者的意识混乱，诱发其他疾病。

很多的实例已经表明，如果医院能为患者创造一个相对舒适的治愈环境，则可能减少患者的用药量，有利于患者的精神安定，同时也相应地减轻了医护人员的工作量。投入必要的医疗设备，的确能给医院带来效益；但是对家具、窗帘进行必要的投入，也会产生一定的治愈效果。环境的改善有可能提高患者自身的治愈能力，发挥出高昂的医疗设备所不能起到的治疗效果。必要的室内装饰有利于平定患者不安的心情，减少医疗设施内出现问题的几率，减轻医护人员的工作强度，从而也能抑制人工费用的上升。良好的室内环境，可以减少设施和设备发生损害的几率，从而可以节约修理的费用。良好的工作环境，还可以促使工作人员经常自我保洁，减少发生错误的几率，减轻工作中的疲劳。在一个良好的环境里，可以使置身于其中的每一个人充满积极向上的生活心态，提升生活的品质。

尽管良好的环境产生的经济效益目前还不能准确地用数字来描述，但是医疗福利设施良好的生活空间，的确对医患双方都产生了积极的效果，也会对医疗福利设施的运用管理状况产生积极的影响。很多现代的医疗设施机构和老龄福利设施机构，配备了各种心理咨询师和治疗护理师，

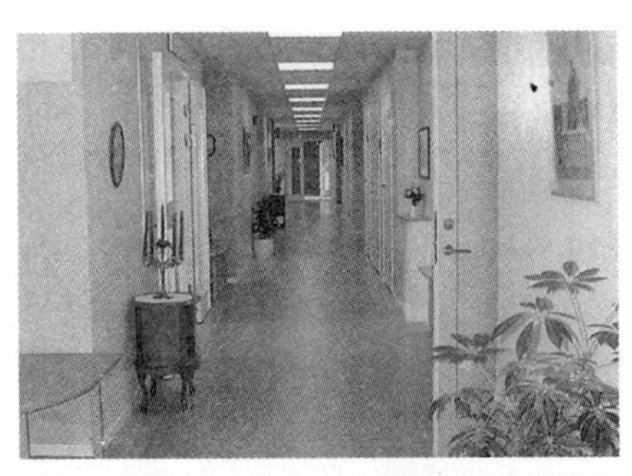

装饰一新的走廊（瑞典，特罗尔杰哥德福利设施）

但是随着人们对治愈环境的要求不断提高，也希望有专业的环境治疗师，环境治疗师将会成为一种新型的职业。

努力实现让患者满意的治愈环境

现在很多人不光考虑医疗福利设施的硬件建设，同时也关心设施能否为患者提供周到的服务和心理上的安慰等软件建设。上年岁的日本人都经历过战争的苦难和战后的贫困时期，凡是经历了贫困时期的人们特别怀念那个时代人与人之间的相互鼓励的真挚情感。但是随着日本生活环境的不断改善，人们那种不断奋进的精神状态也逐渐减退。现代化设施和古老设施的运用管理方式也存在着很大的差异，往往前者的运营管理模式更具时代特色。在软件条件基本相同的情况下，硬件环境的改善与否直接会对患者产生非常大的影响，就是在医疗福利设施内的工作人员也不愿意长期工作在劳累、牺牲自我的环境之中。

由于治愈环境一天24小时都会对患者产生非常大的影响，而室内装饰设计可以提高患者居住的舒适性，因此通过对医疗福利设施内的眺望、谈话、休息等不同场所的设计，分析环境对患者可能产生怎样的影响，努力创造让患者满意的治愈环境。设施的运营管理人员应充分认识到良

治愈环境一天24小时都会对患者产生影响
（瑞典，特罗尔杰哥德福利设施）

好的居住环境会对患者产生的良好的康复效果。

设施要体现人性化的设计

欧美地区的室内装饰设计的历史非常悠久，就连孩子们居住的房间里也进行了高水平的室内空间设计，欧美国家的人们整体的室内装饰意识都很高，往往是自己动手对自己居住的住宅进行室内装饰设计。而在日本室内装饰设计的历史并不长，往往是由购买设备的责任人承揽室内装饰的任务。室内装饰设计不能等到医疗福利设施开工时才进行，而要在规划医疗福利设施的时候就统筹考虑室内装饰设计的问题，室内装饰设计的责任人应具有统筹规划的建筑设计基本思想。

日本有的医疗福利设施日常管理井井有条，什么地方用花卉装饰，什么地方需要用小物件点缀都有统一的规划，使得整个医院充满了家庭般的温馨氛围。医院的书架上还放置着专门印制的宣传小册子。整个医院的环境布置充满着女性的细致与体贴。

为了创造舒适的治愈环境，医院的室内装饰小到一个摆件布置都要有统一的规划。医疗福利设施内的环境布置，需要认真听取内部工作人员和患者的意见，在此基础上修改室内装饰的设计方案，采购必备的用品。大型福利设施和很多福利设施机构都有不同的法人，需要听取专业人士建议，认真接受他们对室内装饰设计方案的意见[6]。福利设施的法人作为设施的管理者，对福利设施的环境设计方案会产生重要影响，因为他们从决定购入哪怕是很小的物品开始，就开始对室内设计的方案产生作用了。

努力改善周围的环境

一个家庭里如果有个上学的小学生的话，则需要不断地为其添置新的衣服和鞋子，每天要为其准备必要的盒饭，家里到处摆放着孩子的物品和用品。当今的消费型社会使得很多人站在商店的橱窗外面就产生强烈的购买欲望，人们只需付款就能买到想要购买的东西。当拜访某个家庭的时候，看到地面上到处堆满了购买的各种商品，要想从中间找出可以下脚入座的地方都很困难。在如此杂乱的环境中，孩子们的注意力很难集中起来，就是想要从中找到某样物品也不是一件容易的事情。

对于一个独自生活的老龄人士而言，家庭里到处放置着不愿丢弃的各种物品，平时甚至需要扶着墙壁或者是扶手才能在房间里运动。要想对类似这样的房间进行装修改造，清理室内各种杂品的工作量就很大。

类似上述的普通家庭和老龄人士的家庭，平时需要对家里的物品和用品及时清理，淘汰掉不常用的物品，明确不同类型的用品放置的位置，养成随手进行收拾整理的好习惯，使家庭的生活环境得到改善。如果能将这种习惯保持下去，聪明的消费者也就不必担心家里的物品不断地增加，每天的生活也会变得十分轻松，生活质量的不断提升也就不

进行室内装饰是十分必要的
（瑞典，特罗尔杰哥德福利设施）

会被认为是在夸大其词。

从现在开始行动起来

创造一个良好的生活环境，绝不是仅靠耗费资金就能实现的事情。这需要环境建设的预算占到合理的比例。在同样的面积、相同的预算条件下，设计师需要认真筹划如何既实现简朴的环境，又能完成高品质的空间布局。在确定室内装饰的预算之后，设计师还需要统筹规划设施的装饰设计方案，既要照顾到重点目标，又要兼顾到整体效果。在这样一种思想的指导下，才能保证有限的资金发挥到最大的效果。

本书的以后各章将逐步介绍如何进行空间的布局，如何统筹使用有限的资金。各种不同的医疗和福利设施机构的管理基本理念是什么？需要创造何种的工作环境？为了实现上述的目标，如何从空间、家具、设备、室外等视角出发，完成福利设施的装饰设计。

注：

1 长泽泰“第一章　人类和康复”《S.D.S 第四卷　医疗 · 福利》新日本法规出版，1995 年。

2 室内装饰设计教科书研究会编著《室内装饰设计教科书》彰国社，1993 年。

3 栗原嘉一郎“创造治愈环境”《建国画报 262》建国画报社，1997 年。

4 日本医科大学以高柳和江教授为首的，有医师、护士、营养师、医院建筑师、室内装饰设计师、患者参加的改善医疗环境的课题组。

5 在实施看护保险制度之后，现在改称为“看护老人保健设施”。

6 欲获得室内装饰的资格，需要得到室内装饰设计（主办：社团法人室内装饰协会）、室内装饰规划（主办：财团法人建筑技术教育普及中心）、福利设施环境设计（主办：东京商工会议所）等资格的认定，2006 年 12 月。

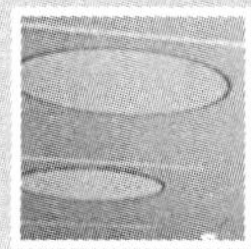
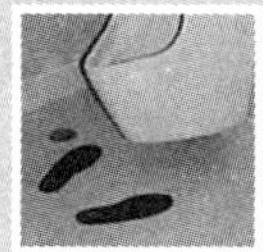

第2章　医疗福利设施室内装饰设计的要素

Ruriko Nii

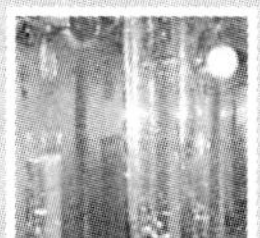
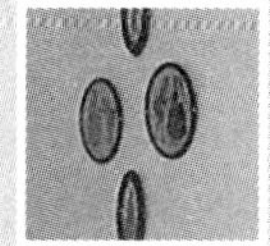
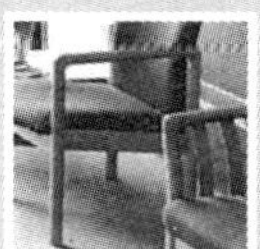

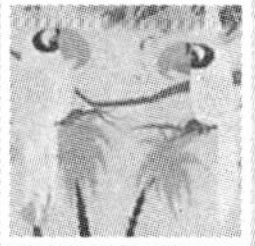

什么人经常在使用医疗福利设施?

一个良好的建筑设计方案，需要统筹考虑设施的外部环境和地形条件，要兼顾设施内各部分的使用功能，在此基础上制定出工程的施工方案。在这样一个方案中，既包括总体的布局，也包括各个房间之间的连接方式，还包括了房间内部的布局，要体现整个建筑物各个房间的基本使用功能。

整个建筑要创造一种舒适的居住环境，要充分考虑到不同的空间设计对人们的心理和行动产生的影响，要尽可能地发挥各个房间的使用功能。设计师要考虑到究竟是什么人在使用这些设施，居住在其中的患者是持怎样的一种心态，对医疗福利设施的环境设计是否能满足患者的基本需求。

本章分别从医疗设施、老龄福利设施、残疾人士 · 儿童设施等三种类型入手，向读者一一描述了在进行室内装饰设计时应当重点考虑的要素。

医疗设施

说起医疗设施，既有不带病床的小型诊疗所，也有拥有几百张床位的大型医院。从规模较小的诊疗所的建筑上，更能看到充满个性化的室内装饰设计。由于诊疗所收治的患者有限，所以本章以大型的综合医院和地区的中心医院为切入点，从使用者的角度出发，着重介绍在进行室内装饰设计时应重点考虑的要素。

实现内部和外部的装饰平衡

当人们步入日本综合医院的时候，一进入大厅就会感到室内空间非常宽敞明亮，大厅的中央还安装了大型的自动扶梯。整个大厅的照明系统就如同宾馆一样，使人们一瞬间忘掉了自己置身在医院里。

尽管患者置身在大厅的开放空间里，但是人们还是很容易确定自身的空间位置，感受到各种建筑应有的功能。当站在高大的自动扶梯上的时候，俯瞰周围和下方，会使到访医院的人们心中多少会产生一些不安的情绪。在这样一个巨大的室内空间内，会让人产生不同于家庭般的温馨感觉。如果医院到处有明显的指示标牌，放置有供患者休息的座椅，庭院中到处种植着赏心悦目的绿色植物，那样就能舒缓到访医院的患者不安的心情。

大多数患者通过进入医院的大门看病问诊，而救护车可以直接开到医院的内门，将危重病人送进急救室。患者从综合医院的候诊大厅向外眺望，就能看到庭院中的绿色，有的医院候诊大厅的外面还设有餐馆，有的甚至还开设有歌厅等娱乐设施。但也有的医院在急救室的入口处，两边放置着供患者就座的长椅。冬天，人们一打开急救室大门，刺骨的寒风也随之进入，候诊的病人一般要在冰冷的长椅上等待 30 分钟才能就诊。患者在不同候诊室等待就诊，由于医院安装的设备和设施不同，所以会让患者产生完全迥异的两种不同感受。

建设舒适的诊疗室

对候诊室和医院大厅精心进行室内装饰的医院，其诊疗室也不应当让患者产生冰冷的印象。如果诊疗室室内装饰材料和家具材料很多采用人造加工材料，颜色基本上以灰色调为主，诊疗室内布置着普通的办公桌椅，桌子上随处摆放着 X 光胶片和各种医疗器具，办公桌上还设置了电脑。采用这样一种室内布局，更增添了患者对医院的负面印象。如果想要减轻患者对诊疗室的不良印象，诊疗室的内部装饰和家具应尽可能采用天然的木质材料，使诊疗室的空间色彩以暖色调为主，让患者从心中感到丝丝暖意。

本页的图片反映的是日本某整形外科医院诊疗室的情况。室内的墙壁和地面全部用价格低廉的木材装饰，整个房间充满了温暖的气息。由于窗户外面紧邻一座高大的建筑，为了避免室内光线不足，在顶棚上安装了灯池，用来补充采光的不足。室内种植着观赏植物，室内的桌子和架子全部采用木质的材料，通过这样一种室内装饰设计，使诊疗室充满了春天的气息。

用木材进行装饰的诊疗室
（日本，苇原整形外科医院）

如果在诊疗室病床的旁边放置着超声波、心电图等类似的诊疗仪器，无疑会增加患者紧张的心情，甚至会使患者血压上升、心跳加快。因此诊疗室应当采取必要的室内装饰，放松患者紧张的情绪。例如在诊疗室的顶棚上采用有蓝天白云、日月星辰的图案装饰，墙壁的颜色采用可以使人心情平静的蓝色或使人放松的粉色涂饰。为了避免患者可能产生的不安情绪，在进行内部装饰之前，设计师应当多听取相关管理人员和医护工作者的意见。

室内装饰设计可以使增加患者生活的信心

在奥·赫里的小说《最后的一叶》中，描述了一位患者在药物和化学疗法无效的情况下，凭着自身顽强的生命欲望最后终于生存下来的故事。并且用实例说明适当地进行室内装饰，可以提高患者对生活的渴望，强化了自身的治愈能力。

透过窗户，可以看到户外四季变化的景致（日本，清泉福利设施）

樱树的树叶到了秋天全部成为红叶，到了冬天则全部成为落叶，树枝又孕育着新芽，到了春季樱花会再次绽放，枯枝上也会吐出新枝。这种生命不息的现象，给人增添了生活的希望。患者坐在座椅上，透过窗户看到庭院内种植的四季花木，或漫步在整治一新的庭院的小径上，欣赏四周的美景是再惬意不过的事情了。

布置在福利设施墙壁上的风景画，画中反映的季节应当比实际的季节提早一些。在严寒的冬季最好装饰樱花盛开的绘画，到了夏季装饰遍地红叶的绘画。墙壁上装饰比实际季节提早的场景绘画，可以使患者怀着一种期待的心情等候新的季节来临。在举行桃花节（女孩的节日）、赏月节等活动的时候，福利设施内也应当进行适当的装饰以烘托节日的气氛。如果设施内装饰的人造花已经落满了灰尘，食堂内还保留着一年前为庆祝某人生日而布置的各种装饰，那样就会使患者造成一种时间停止运动、生活希望渺茫的负面印象。但是反之经常为某个活动进行装饰，会使患者感到生活的空间充满了希望。不仅是医院经常要进行室内装饰，老龄福利设施内同样也需要不断地进行装饰点缀。

选择自己满意的室内装饰布置

为了减轻刚刚入院的患者不安的情绪，医院应尽可能创造患者满意的就诊治疗环境。

在美国的医院里，经常会听到“今天选择什么样的颜色？”的询问，这是工作人员在向患者征询就餐时究竟选择什么样颜色的餐巾纸。日本人在用餐时，大家还不习惯使用餐巾纸。由于患者生活习惯的不同，医院和福利设施机构让患者选择自己满意的室内装饰布置的做法也不尽相同。

现在很多医疗福利设施提供类似菜单式的服务。当患者入院的时，院方可以向患者提供室内装饰的菜单，由患者自己决定房间里选用什么图案的装饰画，减轻患者入院时心理上产生的不适感觉。对于等待手术的患者，其居住的房间应当及时更新绘画作品，布置使人心情平静的绘画、利于康复的绘画、充满希望的绘画等等。不仅仅是及时更新绘画作品，患者居住房间

选择自己满意的室内装饰布置
（瑞典，拜亮哥德医院）

内的床罩、拖鞋、脚下的垫子，也应当按照患者希望的颜色和样式进行布置，尽可能地为患者创造舒心的住院环境。

有必要在孩子们居住的病区里设置游戏室

可以透过游戏室的玻璃门观察到游戏室内部的情况（日本，阪和住吉医院）

对于孩子们来说，住院治疗不是件高兴的事情。医院应尽可能创造能使孩子们心情愉快的环境，让孩子们可以尽情的快乐，有利于提升自身的自愈能力。在这样一个场所，孩子们既可以玩耍，又可以得到帮助，也能使自身的能力得到提高。医院有必要为孩子们创造既可以游玩、又能治疗的生活环境。

凡是到医院看病的孩子们，在候诊室里常常怀着一种忐忑不安的心情。当孩子们看到安装在顶棚上能运动的装饰品和多彩墙壁旁的架子上摆放的玩具的时候，就分散了孩子们的注意力，减轻不安的情绪。候诊室里尽量避免布置暗色调的座椅，应当采用白色椅子并配上橙色的柔软坐垫，以增添候诊室明快的气氛。如果能放置适合孩子们尺寸大小的座椅是再好不过的事情了。由于塑料座椅具有易损坏的缺点，为避免出现不必要的事故，所以尽量不用塑料座椅。孩子们的家具尽量选用木质的材料。由于铝合金的窗户易给人产生冰冷的印象，因此房间里最好使用彩色的窗帘进行装饰，以增添房间明快的色彩。

儿科病区的走廊从一个侧面，也直接反映病区孩子们的生活情况。走廊里应当有明显的各种标识，为了避免走廊墙面的单调化，墙壁上最好装饰上各种人偶，门上尽可能采用不同颜色的彩色标识，以吸引孩子们的注意力。游戏室的大门应采用大面积的玻璃，以便于监控游戏室里孩子们的活动情况。

病房外的空间布局

到访医院除了患者以外，还有看望病人的客人。医院有必要提供一个合适的场所，创造一个患者和客人心情舒畅的会客环境。

生活在疗养型医院的患者，希望医院能提供一个患者和探望病人的家属一起会面的场所。医院宽敞的进门大厅、放置在观赏植物旁的座椅，都是患者和家人会面的理想场地。

在医院的庭院里能放置桌子的地方比较少，通常是在接待室里放置着各种桌子和椅子，而病房的病床旁边仅放置供患者用餐的小桌子。人们可以在接待室的桌子旁，一边看书一边喝饮料，家属和患者尽情地谈天说地。

日本过去曾经有过某家的男主人住院就诊，而其家属带着炊具一同入院和患者共同生活的事情。今天的医院已经能够为患者提供全方位的护理，病区也能创造良好的医疗环境，医院为家属制作可口的菜肴创造了必要的条件。日本的很多医院在食堂的一角为病

休息大厅内的一角（日本，阪和第一泉北医院）

人的家属开设了专门的灶台并且准备相应的炊具，使家属为患者制作可口的饭菜成为可能。

医院安装公用电话便于患者和家属及亲朋好友进行联络，设置的电话亭应具有隔声的效果。现在手机的普及程度越来越高，使用公用电话进行联络的人数在逐年下降，医院有必要为使用手机的患者开辟专门的通话场所。在离病房不远的地方，也应配置必要的座椅和坐垫，以利于患者随时就坐欣赏绘画作品和观赏植物，减少患者身体的疲惫和悲伤的情绪。

庄严地迎接死亡

尽管现代医疗技术在不断进步、医疗手段在不断更新，过去许多无法医治的难疾顽症都有可能得到医治，人类的期望寿命在不断地延长。但是所有的医学治疗，都只是延长了人类通向死亡的过程，现代医疗技术也不可能回避“死亡”这个现实问题。

在医院的病区里，我们可以看到癌症晚期患者和病魔进行最后抗争的身影。有的病房甚至整个晚上都能传来患者痛苦的呻吟声，病床旁边也能听到患者家属无可奈何的叹息声。走廊里患者们叽叽喳喳的说话声、护士们忙碌的脚步声、人们不断进出房间的声音交织在一起，次日的晚上又是同样的情景再次出现。这就是医院不断再现的从希望到绝望、从绝望到希望的独特

病房内充满活力的室内布置
（瑞典，赛尔修斯格坦老龄福利设施）

现象。

1995年日本国立癌症中心针对癌症患者和家属进行了专门的调查，了解患者希望医疗福利设施应当为病人创造怎样的治愈环境[1]。

首先，很多面临死亡的患者都希望能自理吃饭、洗漱、如厕等基本的生活行为，特别是强烈希望由自己料理自身的如厕活动。这些患者认为这是在最低程度上在保持人的基本生活尊严。

医院病房里的卫生间大门应当便于丧失体力的患者随时打开，而且卫生间应当留有供轮椅进出的空间，并且应当安装各种扶手。如果患者行动不变的话，应当确保患者通过操纵遥控器控制病房内的照明器具，掌控自身的生活环境。对于癌症晚期的患者而言，由于进行弯腰和下蹲动作都十分困难，因此病房内冰箱和柜子的放置位置不宜很低。患者从病房中出来，哪怕只是走很少的距离，由于体力的下降，也会感到身体非常疲劳。所以医院应在走廊、电梯旁、上下楼梯等场所安装座椅，使患者有一个随时安心休息的地方。

太平间要成为一个宁静的空间

很多医院出于对“死亡”的禁忌，都将太平间设置在院内偏僻和灰暗的地方。通过对医护人员的调查，发现很多医护人员都对太平间持灰暗、冰冷的负面印象，而死者的家属对太平间也持一种有煞风景的态度。由于医院的工作人员都对太平间持这样的看法，所以患者和家属对太平间持灰暗、冰冷的印象也就不奇怪了。

太平间历来就是用来存放死者遗体的地方。很多医院的太平间是由多个病房改建而成的，停尸床就是普通的病床，室内没有任何装饰，顶棚上直接安装着普通的日光灯。在这样的装饰环境下，死者的家属和亲属也会产生不愿长时间置身于这样场所的愿望。

充满安详氛围的太平间
（日本，阪和第一泉北医院）

尽管太平间是充满悲痛气氛的空间，但是太平间的室内装饰应避免进一步增添这种悲痛的气氛。虽然太平间是死者的家属和亲属表达悲痛的地方，但是其内部装饰布置应当起到能舒缓家属和亲属们悲伤情绪的作用。

老龄福利设施

下面的篇幅将重点介绍福利设施中的老龄福利设施。战后随着日本城市化进程的发展和家庭平均成员人数的不断下降，人们生活水平和生活质量的不断提高，不知不觉中日本社会已经步入到老龄化的社会。生老病死成为人们无法抗拒的自然法则，很多高龄的老人都需要得到特别的看护。居住在不同社区里的老人医院和养老院的老龄人士，平时可以得到专业的细致照顾。但是居住在福利设施外的老人们，要想得到专门的看护就成为比较困难的事情。孩子们在虚拟的世界中模拟过一次次“生”与“死”的游戏，但是在现实的社会中，不同的人会有各种“生”的生活方式；而面对死亡，很多人就显得经验不足了。

从这个意义上说，老龄福利设施可以为本地区生活在自己住宅中的老人提供必要的指导，并为老人们的日常生活提供可能的帮助。

充满生机的老龄福利设施

平时人们谈起老龄福利设施的时候，通常用“平静”、“安闲”等词汇来修饰，并认为是老人们专门生活和活动的场所。如果老龄福利设施要想吸引孩子们和青年人的目光，其设施的建筑应当具有超出普通建筑的艺术感染力。对于老龄人士而言，适度的外界刺激可以激发老人们生活的活力。老龄福利设施内平时应当充满生机、充满活力、充满激情。

居住在老龄福利设施内的老人们平时也可以会见家属，如果家属带着小客人来看望老人，更能增添欢快的气氛。老龄福利设施内设置的供孩子们游玩的场所，会使到此看望老人的孩子们更加高兴，坐在一旁的老人们看到孩子们快乐游玩的身影，常常也会发出会心的微笑，活泼好动的孩子们也给老龄福利设施增添了活力和欢乐。日本爱知县有个被称为“千年村”的老龄福利设施，其庭院中既建有小河流水的景致，又设置有草坪假山。在这里，经常会看到附近的孩子们带着盒饭到此游玩的身影，附近社区

老龄福利设施内有供孩子们玩耍的草坪
（日本，千年村）

的居民们也非常喜欢这座特色鲜明的建筑设施。

充满家庭般氛围的传达室

许多老龄福利设施内的传达室，就如同医院的计价处一样开设了小型的窗口，设置的柜台使患者特别是坐着轮椅的患者或老人们感到极大的不方便。很多福利设施内的办公室也设置了高高的台面，办公室里堆满了各种杂物，外人想进去谈话也不是十分容易的事情。但也有一些福利设施里的办公室布置的和宾馆一样，在房间的中央摆设了一个长形的桌子作为服务台，没有设置一般传达室内常见的服务台。和大医院相比，医疗福利设施内的人工费用、办公费用也并不低。在普通的办公室内，也要接待不同的到访者，解决他们提出的问题。

服务台的形状有多种样式。在日本某所福利设施的传达室里，除了服务台之外还放置着一个特别的接待桌。所有看到这种接待桌的客人，都会感到一丝惊奇。在这样的传达室里，人们既可以进行简单的会话又可以填写相应的表格。工作人员和来访者坐在桌子的两旁，双方的视线高度基本一致，在这样一种环境下，可以减少来访者的紧张情绪。在传达室的服务台的旁边放置这样的桌子，既可以使家属和工

放置在传达室里的餐桌（日本，锦绣苑）

作人员有了一个进行交谈的轻松场所，也为福利设施创造了良好的工作环境。

私密空间和公共空间

在考察北欧地区老龄福利设施的时候，发现设施内很多房间门口的墙壁上都安装了一面穿衣镜。当人们走出自己房间的时候，都会不自觉地站在镜子的旁边整理一下自己的衣冠后再出门。在欧美地区，人们认为个人卧室以外的空间都属于公共活动空间的范畴。而日本的福利设施多采用四张床位为主的卧室，因此不可能明显地区分私密空间和公共空间的界限。但是随着日本福利设施内的单人房间数目的不断增加，类似北欧地区的人们在外出之前先要自整衣冠的事情也会不断地出现，这也反映了人们对生活所持的一种庄重的态度。人们出门时不再佩戴价值上千万日元的宝石，只需戴好耳环或系好领带，穿戴得整整齐齐,就会听到“今天您真漂亮”一类的称赞话语。在设施内的商店里，老人们随意购买自己如意的商品。也可以向年轻人一样接受各种挑战，身着时尚的服装，系上飘逸的绦带。对于大多数的人来说，能穿上适合自身气质的服装是件非常令人高兴的事情。

门厅里安装着穿衣镜（丹麦，罗卡尔中心）

残疾人士的福利设施 · 儿童福利设施

残疾人士的福利设施不同于医院和老龄福利设施，在设计与建造的时候必须要考虑到相关人员不同的残疾特点。而儿童福利设施是为孩子们提供福利保障的重要设施，要使生活在儿童福利设施内曾经受到虐待的孩子们深切感受到全社会对他们的关心和爱护。

从心理上消除人们对残疾人士的福利设施所持的各种偏见

很多人一谈到残疾人士的福利设施，就反对在自己生活的周边建设类似这样的设施，认为建设残疾人的福利设施会对自己的生活带来诸多的不便。在日本甚至有报道说，某个地区就曾强烈地反对在本地区建设残疾人士的福利设施。现在日本要想在某个地区建设残疾人士的福利设施，首先需要征得该地区的居民普遍认可，否则一旦开工就有可能陷入四面楚歌的境界。这也是令很多福利设施机构难以理解和头痛不已的事情。

这是因为部分人对残疾人士持有偏见，认为残疾人士的福利设施内到处是灰暗而封闭的空间环境。但是对于大多数残疾人士的福利设施而言，光从外表是根本不能了解到其内部的情况的。也有少数人认为残疾人士的福利设施的内部，到处是堆积着各种空瓶子和进行手工制作的作坊，福利设施的周边环境与垃圾场没有太多的区别。一旦人们了解到残疾人士的福利设施内部及其周边的真实情况，并不存在所谓的“脏”、“乱”、“差”等环境问题，也会从心理上接受残疾人福利设施存在的现实了。

如同花园一般的残疾人福利设施
（日本，里之风）

许多残疾人士的福利设施经过专业的设计，设施的周围种植着四季开放的花木，周边安装着各种新式的座椅和长凳，居住在附近的居民会不自觉地萌生出要到福利设施好好参观一下的念头。福利设施的管理者如果能考虑周边居民的这种愿望，真诚地欢迎附近的居民到福利设施的进行参观，就会使得福利设施机构和周围居民的交流日益加深，也会增加了福利设施的安全性，让更多的人认识到福利设施存在的必要性，从而使对福利设施抱有偏见的人士数量不断地减少。

当附近的居民逐渐改变了对残疾人士的福利设施所持有的偏见看法之后，福利设施的管理者应尽可能地增加周围的居民对设施的进一步了解，以期能获得附近居民对福利设施工作的支持。

在附近居民接受了残疾人士的福利设施存在的现实之后，也会对残疾人士提供各种可能的帮助。假如有一天您正在急急忙忙地在便道上行走，耳边传来了“对不起，打搅一下。”的声音。正在快步行走的您也许会不由得紧皱眉头，不耐烦地回答“什么事？”，这时您听到的是“请您带我过十字路口。”的回答。当您定睛一看，原来是一位手里拄着手杖，两眼双目失明的盲人在向您求助。您会很自然地放平心态，带着盲人通过路口。当您把盲人带到目的地后，盲人发自内心地感谢您的时候，您也会很自然的回答：“这是我应当做的”。很多身体残疾的人士和我们正常人没有特别的关系，但是我们身体健全的人有必要为残疾人士提供可能的帮助。从残疾人士的身上，我们能够看到一种不受命运所支配的顽强上进的精神。

残疾人士的福利设施，在日本的社会中越来越发挥着十分重要的作用。在目前竞争残酷的现实社会里，由于这些福利设施的存在，使得更多的残疾人士得到了救助。

提供让人们满意的居住场所

作者曾经考察过一个将智障患者组织起来进行工作的福利设施。通过考察该福利设施的食堂，估算出该设施在食堂就餐的大致人数。通过计算食堂的座位数，了解到该福利设施可以接受 70 位智障患者。这是一个有相当规模的残疾人福利设施，目前在日本还没有看到如此明亮干净的残疾人福利设施。为了避开旁人敏感的目光，该福利机构的人员平时分三组就餐。除了这所食堂之外，在设施内再也看不到这样大面积的让人心情平静的活动空间。正因为如此，设施内除了工作室和食堂之外，再没有多余的大面积活动空间。

很多日本的老龄福利设施和儿童福利设施内部，也没有多余的可以举行活动的空间。尽管设施内的管理人员不断努力提高管理水平，努力提升设施的生机与活力。但是对于入住在设施内的某些人士而言，可能居住的环境

努力创造充满活力的个人生活空间（瑞典，特罗尔杰哥德福利设施）

并不符合自身的愿望，旁边的邻居和自己的脾气也不相投。

现在有专家提议老龄福利设施、残疾人士和儿童的福利设施建筑应当趋于小型化，建议今后建设的福利设施最好是只有十多套房间的居住场所。并且借鉴北欧地区的发展趋势作为今后日本发展的方向（参见本书第 236 页～第 240 页）。尽管日本的面积有限，但福利设施内也需要具备可以举行圣诞晚会和生日庆典的活动场所。福利设施内不仅应当具备举行各种活动的必要空间，而且能为居住在设施内的居民提供各自满意的生活场所。

创造有利于身体康复的生活空间

智障患者对外界有时候非常敏感，而很多智障患者有时候又不能很好地表达自身的诉求。智障患者为了表明自己的愿望，使自己的情绪处于高度紧张的状态，一旦不能准确的表达自身的诉求，就有可能出现难以控制的局面，使自己的情绪猛然爆发，有的甚至还会出现自残等危险的行为。许多残疾人士的福利设施都出现过类似令人恐慌的局面，为了避免上述局面的出现，福利设施应当创造有利于智障患者情绪安定的环境，使得这种恐慌的局面难以发生。

为患有自闭症的孩子装饰的房间
（瑞典，班德儿童福利设施）

在北欧地区，有所将智障患者组织起来进行集体作业的工作设施。在这座被称为“赛格格林”的设施内，同时设有医务室以随时调节患者们的情绪。患者居住的房间室内装饰充分考虑到如何有利于稳定智障患者的情绪,生活的空间也不会出现那种诱发患者疾病的环境布置。

近年来很多残疾人士的福利机构努力创造一种被称为“斯努兹兰”的生活环境。这种思想最早出现于荷兰，这是一种人为的统筹设计的集光、声、振动、触摸、味道等多种要素构成的空间环境。置身在“斯努兹兰”环境之中，人们的情绪不但可以得到放松，而且人们普遍希望的日常生活也能置身在这样的环境空间里（参见本书第 82 页）。

日本大阪自闭症支援中心是专门治疗自闭症患儿的福利设施，该设施安装了普通家庭也能使用的特别照明系统，将令人压抑的空间改建成使人精神得以放松的环境。而这个改造工程中所采用的材料，基本上选用的是与日常生活紧密相关的各种材料。

对破坏福利设施的现象持宽容的态度

在儿童福利设施内，经常会发生普通人意想不到的事情。日本曾经有所儿童福利建筑的大门装修得十分气派，采用了整块大玻璃制作成了豪华的玻璃门。从外面看这扇大门，气派而整洁。出于安全因素的考虑，玻璃门全部采用的是钢化玻璃。但是有一天，淘气的孩子们用小球掷向玻璃门，其结果可想而知，整扇大玻璃门顷刻间就变得粉碎。

万幸的是在这次事故中，没有任何人员受伤，但是令儿童福利机构的工作人员吃惊的是修缮整扇玻璃门的费用是如此的昂贵。由于玻璃门的面积很大，其修缮的费用竟然高达几十万日元。工作人员抱怨：就是因为小孩子们淘气，结果节外生枝出来这样一笔额外的费用。事实上，设计师在设计玻璃门的时候，就应当预料到孩子们淘气的天性，玻璃门完全可以设计成多框的形式，避免安装整块大玻璃。就是一旦出现玻璃门被打碎的事情，也只需换装小块的玻璃即可。建筑师设计得再好的建筑，也离不开使用者和管理者的日常维护。建筑师应多听取各方人员的意见，使自己的设计更具有实用性，让这种公益建筑真正能起到造福社会的目的。

墙壁上绘制着欢迎孩子们内容的绘画

孩子们卧室的墙壁上也有大型绘画作品（丹麦，斯科兹博克观察中心）

整面的墙壁是一幅大型的风景绘画作品（丹麦，斯科兹博克观察中心）

在距丹麦首都哥本哈根不远的海岸边上，有所用旧建筑改造的儿童福利设施，名字叫做“斯科兹博克观察中心”。这所设施内收留的是患有酒精依赖症或药物依赖症母亲们所抛弃的孩子。

这座木质的两层建筑，从外观上看就好像电影中的布景一样。进入该建筑物的二层，整面的墙壁上是一幅描绘着鲜花、小鸟、森林等内容的大型风景画。二层孩子们的房间墙壁上也有类似的绘画作品。

居住在这里的孩子们，或多或少都存在着不同的情绪障碍。很多的孩子从幼年时期就没有得到过父母的关爱和亲人们的呵护。居住在这所儿童福利设施内，孩子们第一次体会到了被人关爱的温暖。孩子们在这里可以尽情地歌唱，尽情地玩耍。设施的工作人员每天为孩子们准备了可口的饭菜，孩子们可以在自己的房间里过上安定的生活，情绪得到了平衡，身心得以健康发展。

当孩子们怀着一种忐忑不安的心情，离开自己的父母来到这陌生的地方。孩子们在福利设施内，看到墙壁上那描绘着鲜花、小鸟、森林等内容的风景绘画时，不安的心情得到舒缓，也会逐渐接受福利设施给予的各种关照。

根据不同人士的特点，进行室内装饰

进行室内装饰设计的基本方针是要考虑设施的使用者究竟是什么类型的人士，这个问题是进行室内装饰设计时必须优先需要考虑的问题，在此基础上再考虑设施内部空间的整体布局。

在具体实施室内装饰设计方案的时候，由于每个人的个性不同，室内装饰的风格也会存在着差异。设计师在进行室内装饰设计的时候，要充分考虑人们不同的个性化需求。

由于民族和年龄上差异，每个人的要求也不尽相同

设计师在规划医疗福利设施的室内装饰方案的时候，应当充分关注使用者本身的特点，创造最佳的居住环境。谈到“人”

北欧生产电动床的企业根据不同的出口国而改变电动床的样式

的基本特性，既包括身高、体重、坐高、眼高等人体的基本尺寸，也包含视觉、听觉、嗅觉、味觉、触觉在内的五大基本知觉，甚至还包括人们在无意识或下意识条件下进行动作和行动的特点。

在作者进入到北欧地区某所工厂的职工卫生间后，站在洗手池前洗手时，看到安装在洗手池前的镜子，不由地会涌出一种来到了巨人国的念头。

北欧地区生产头部和脚部能上下运动的电动床的企业，电动床的样式也会由使用者的不同发生改变，生产面向德国市场和日本市场的电动床，其样式也会发生相应地改变。面向北欧市场的电动床采用了木制的材料，面向德国市场的电动床则会采用钢制的材料，而面向日本市场的电动床其尺寸大小基本符合日本人的标准体型。

人类由于民族、年龄、性别等因素的不同，各方面会存在着很大的差异。通过对不同人种的基本特性进行的科学调查，科学家在采集大量数据的基础上，得出不同种族的基本数据库，并且由此出现了人体工程学的应用学科。假如生产企业了解到最终的用户是日本人的话，就可以通过数据库查出日本人的标准人体尺寸和动作尺寸，并以此决定大门的尺寸、架子的进深等建筑空间的标准尺寸。通过调阅数据库的数据，也能确定室内装饰方案的基本尺寸。

从标准型向个性化的环境转变

人体工程学在科学的基础上，实现了建筑产品和商品的标准化、规格化，也为大规模的工业化生产创造了条件。但是这种大规模标准化生产出来的产品，毕竟对少数人不太适用。制造企业近年来有一种生产倾向，要根据不同消费者的需求，努力开发出让全体消费者满意的商品。为了给使用轮椅的残疾人士创造与健全人一样的生活环境，例如在进行轿车内的座椅、普通的座椅和桌子的设计时，充分考虑残疾人的特点，消除可能对他们生活所产生的障碍，实现一个与普通人和谐相处的生活环境。现代的社会发展正在考虑从绝大多数人利益向重视个性化需求的方向转变。正因为如此，过去那种适合多数人的室内装饰设计，可能会对部分的人群就不太合适。人体工程学是在科学采集人类基本数据的基础上，进行数值化的处理而创立起来的一门学科。人的身高尺寸等基本数据可以准确地用数字来描述，但是人的心理活动、感情变化、情绪波动目前很难进行数值化的处理，也很难用数字进行准确地描述。

很多的实例已经证明，舒适的环境有利于平和人们的情绪，医疗设施的室内装饰设计在创造和谐的生活环境的过程中必将发挥重要的作用。

消除障碍创造和谐的环境

我们可以将“扶手”看成是创造和谐环境的代名词，公用设施有义务为群众安装各种便民的扶手。政府的有关部门，应当认真考虑在什么场所、什么地方、什么场合安装群众需要的各种扶手。公用设施扶手安装的多少及其安装的位置，也从一个侧面反映着公用设施是否有效地在发挥作用。作者为什么如此重视“扶手”，只不过是作者以扶手为切入点，观察各级政府和各相关单位是否能从细微的点滴之处入手，周密地考虑去努力消除各种障碍，创造和谐的环境。

卫生间的洗手池旁都安装有各种扶手。日本很多卫生间的洗手池前也都安装有粗的不锈钢的管状扶手，但是普通人很难用手全部握住这种扶手。当作者向相关部门提出：“究竟是为什么安装这样粗的扶手？”的问题时,没有任何人来回答这个问题。在作者考察北欧地区老龄福利设施的时候，在其卫生间内的坐便器旁边曾惊奇地看到安装着细的不锈钢质扶手，而且福利设施内部的很多地方都安装着各种标识和扶手。尽管北欧国家没有“创造和谐环境”这样的类似口号，但是却有“不放弃每一个人”的社会共识。美国在越南战争之后，出现了很多因伤而终生需要坐在轮椅上的残疾人士。美国政府认真听取他们的呼声，努力创造适合残疾人士的生活环境。要想实现“不放弃每一个人”的目的，就要创造残疾人士能与普通人一样生活的环境，达到与普通人相同的生活愿望。建设和谐环境的前提是消除现实社会中存在的各种障碍，这需要经过全社会艰苦的努力才能实现。

优先考虑功能问题还是艺术问题

设计师在室内装饰设计时面临的非常现实的问题是优先考虑功能性还是优先考虑艺术性的问题。设计师在实际的工作中，不能将两者极端化，要综合地进行统筹规划，避免出现过度重视某一方面而忽视另一方面的现象。

丹麦的“和谐设计”思想的倡导者玻尔 · 乌斯塔克特认为，

在建造残疾人士的福利设施时，既要重视设施的功能性的也要关注建筑物的整体艺术效果。无论什么样的建筑设计，虽然需要兼顾建筑物的艺术协调性，但是也不可能在设计时追求百分之百的艺术效果。在建造残疾人士福利设施的时候，建筑师可以通过多种手段在实现设施的各种基本功能性的同时，使建筑物彰显其独特的艺术魅力。无论是老龄设施还是残疾人士的设施，在对这些福利设施进行室内装饰设计的时候，设计师要兼顾建筑物的功能性和艺术性的协调统一。

进出设施的人们在门厅换鞋
（日本，清泉福利设施）

日本有一所由民居改建的专门收留认知功能障碍患者的福利设施。为了消除地面上原有的各种台阶，工人们用水泥将台阶的部分抹成了斜面，结果从门厅到建筑物外面的地面做成了一面大斜坡。当询问设施的管理者：“是不是为了避免在门厅脱鞋和换鞋，造成人们进出不方便，而可能发生意外才这样做的。”得到的回答是：“为了让救护车在救护伤员的时候，可以顺利地推动急救床，便于抢救和运输病人”。如果真是发生了类似的紧急情况，就是打开全部的大门也不会耽误抢救病人。这是建筑师在规划设计方案的时候，没有考虑到日常状态下和紧急状态下人们使用门厅的几率，而是过分看重了出现意外突发事件的情况。

本页的照片介绍的是日本一所专门收治认知功能障碍患者的福利设施门厅。这里大多数病人患有认知功能障碍，只有少量的患者使用轮椅。通过照片我们看到该建筑依然保持了日本传统建筑的特点，在门厅中为人们准备了换鞋时用的长凳。

围绕目标进行设计

为了让乘坐轮椅的人士能顺利地使用卫生间，卫生间墙面上悬挂的镜子在安装时应倾斜一定的角度，便于轮椅患者看清镜子中的影像。而普通人站在这种角度镜子前面，只能看到自己的脚面，没有多少可利用的价值。而视觉障碍患者使用的凸凹块的文字标识，对于轮椅患者也没有太多的价值。

和谐设计的思想，就是以特定的人群作为设计的对象，以期解决他们的实际困难。而有些设计师习惯于从自己的主观臆断出发，在设计时也不愿意听取别人的建议。

20 世纪 80 年代开始出现的“和谐设计”思想，美国的建筑师罗纳尔多·梅伊斯率先提出了“目标设计”的概念。其中心思想就是不论患者是怎样的体格、年龄、伤残程度，设计的目标就是要为使用者创造其所需的生活环境。在这种思想的指导下，设计师要围绕从普通的市场就可以采购到的价格低廉的装饰材料，并按照使用者的需求完成设计，达到建筑物的功能性和艺术性的完美统一。

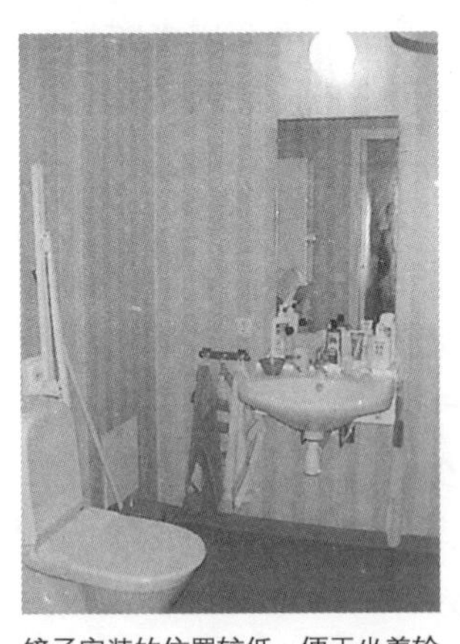

镜子安装的位置较低，便于坐着轮椅的人士使用。（瑞典，罗茨哥德福利设施）

医疗福利设施的室内装饰设计也应努力围绕目标来完成设计。

以安装镜子为例，如果安装的镜子尺寸过长，但是只需在安装时将镜面稍稍倾斜一个角度，那么站着的普通人和坐着轮椅的残疾人则都可以使用这面镜子了。

在作者考察瑞典某所接受多重重度残疾人士的福利设施的时候，吃惊的发现不同的房间彰显着不同的个性，就连每位患者的电动床也是采用了不同的设计样式。再仔细观察电动床的床下，其头部和脚部安着上下运动的控制盘，这种电动床可以根据使用者的不同进行拼接组装。瑞典的福利机构在购进电动床的时候不仅仅是单纯购入，而且还根据患者的要求选购不同的样式，确定不同的电动位置。这也是在实现“目标设计”的思想。

向右旋转门把手是在开门，向右旋转旋钮是在关煤气

人类的动作特点在某种程度上具有其共同点，体现出某种规律性的特征。建筑师在进行设计和规划时需要考虑到人们在一瞬间下意识进行动作时的规律性。喜欢用右手的人一般会用右手握住门把手并且习惯性地向右进行旋转，因此很多的大门都安装着向右旋转的门把手，只要向右旋转就可以打开大门。而与此相反，出于安全性的考虑，在设计煤气管道、自来水管的阀门时，向左旋转才是打开阀门，向右旋转则为关上阀门。一旦发生地震，人们也不必担心因关错阀门而发生引起火灾的事情。

但是日本某些福利设施也出现了打不开大门的事情。有的老龄福利设施出于保护设施内人员安全的考虑，为了避免外面的人员随意进入，平时大门紧闭。但是根据日本消防法的要求，任何设施都要确保人员自由进出的通畅，因此不允许出现从外面将大门反锁的事情。因此有些福利设施机构在大门门锁的上方又采用了一个把手，只有将原来的把手向左旋转，同时上部的把手向右旋转，这样才能打开设施的大门。采用这种大门把手的设计，

比安装电子锁的成本要低。窗户也可以采用这样的把手设计。

门把手的形状有旋钮型、杠杆型、棒型等多种类型。很多老龄福利设施的大门安装了棒型的门把手，老人们只要握住棒型把手稍微用力，就可以轻轻地打开大门。棒型的把手需要推拉运动来开启大门，大门一般都安装有特别的合页，只要轻轻地推、拉门把手就能打开和关上大门。为了便于老人们使用，有些门把手上还刻有推、拉方向的箭头，表明动作是开启还是要关上大门。

座椅的摆放要有利于交谈

很多老龄福利设施的服务台前都有一块较大的空间。有一所老龄福利设施在这里摆放了许多椅子，每两座椅之间还设置一个茶几。但是一年后，笔者再次来到这里，发现布置已经发生了变化，所有的座椅摆放在靠窗户的那面墙边，原来座椅间的茶几都不见了。

一般会话场所为了谈话的方便，家具摆放成面对面的形式。但是在医院和福利设施内，如果两座椅之间都摆放着茶几，身旁坐着一个陌生的人士，而你却和邻座或对面的人士谈话，难免会心存顾忌。但是将座椅并排摆放，所有坐着的人视线面向同一个方向，不管你坐着不想说话或者想和邻座交谈，都不会有什么顾虑。大家都背靠墙壁或背靠窗户坐着，他人的视线不会集中在自己身上，这样也会使自己的心情更为放松。

并排放置的座椅便于人们轻松地进行交谈

标识的安装高度要比人的视线高度低

视觉作为一种感觉，为我们提供了各种信息。对于很少到医疗福利设施看病的患者而言，通过医院安装的各种标识可以清楚地了解医院各部门所在的位置。标识安装的位置很值得认真研究，有的医院将房间的标识已经安装到接近于顶棚的位置了，使人不容易看清标识的内容。

安装标识的正确高度应当接近于普通人的视线高度，安装的最佳位置应略低于人的水平视线高度。将标识安装在靠近顶棚的位置，虽然有利于人们从很远的地方就能看到标识，但是在近处的人们要想看清楚标识的内容就会感到十分的困难。对于老龄人士而言，随着年岁的增加，身体会逐渐驼背，行走的时候身体也会逐渐地向前倾。安装在过高位置上的标识或标语，对于视力逐渐下降的老龄人士而言，是很难看清楚其上面的具体内容的。为了让老龄人士、坐轮椅的残疾人士、孩子们能够看清楚标识上的具体内容，标识安装的高度最好距地面是 130 ~ 140cm 高。

要考虑老龄人士的身体特点

老龄人士随着年龄的不断增加，视力和体力也在逐渐下降，对事物的判断力也不再像年轻人那样敏锐，而且麻烦的事情会不断增多。设计师在进行室内装饰设计的时候，要充分考虑到老龄人士身体机能在逐渐衰退的特点。

由于老龄人士的视野过于狭窄而不容易把握距离的远近感觉，因此设计师在设计地面、墙壁、阶梯的时候，应当让其和周围的环境有鲜明的差别。例如卫生间的大门可以采用鲜艳的色彩进行装饰，这样能产生一目了然的效果。在澳大利亚的老龄福利设施“威斯利花园”，这里居住着很多患有认知功能障碍的老龄人士，设施的走廊尽头的墙面全部用彩色涂料涂饰，而卫生间的大门则采用条状色带装饰，标明此处是卫生间的入口。而工作人员的房间大门则用别的颜色装饰，表示此处是房间的大门。

地面也采用对比强烈的色彩设计，特别是在台阶等处用鲜明的色彩和其他区域区分开来。但是整个走廊可以不必全部采用彩色涂料进行装饰。

对于高龄人士而言，由于其视野中看到的很多景物的颜色都接近黄色调，因此色差太小的设计不利于老人们分清各种颜色。倘若桌子和地面材料的颜色过于接近，老龄人士有可能没分辨清楚桌子的边缘，还往上面放置东西，就有可能发生意想不到的事情。因此用于铺地的材料和桌子的面板材料要有明显的色差，这样便于老龄人士区分清楚地面和桌面。

前面已经谈到，随着老龄人士的体力逐渐衰减，走路的步幅会逐渐变小，身体也逐渐发生前倾。倘若将指示标识安装在位置较低的地方，日常的生活用品也放在较低的位置上，这样就会使老人们的日常生活是在一个向下的视野环境中。我们应当适当地改变老人们的这种生活方式，例如将房间里用于通风的窗户安装在比较高的位置上，使老人们的视野向上，看一看天空的景色，老人们可以坐在屋里眺望天上的云彩和星斗，这也是一件充满乐趣的事情。

通过感觉认识空间环境

室内装饰设计和听觉、嗅觉、触觉、味觉等几大感觉有着十分密切的关系。

有的人将室内装饰看成是“白色恐怖”。这是因为很多建筑设施在进行了装修之后，不论谁置身于设施内的任何房间或者任何空间，都要面对四周是雪白的墙壁的环境，有可能让人产生一种不安的情绪波动。倘若两个人置身在没有窗户而地面、墙壁、顶棚都是雪白色的房间内，耳边只传来轻微的气息声，这时不论是谁都会产生一种忐忑不安的心情。但是如果墙壁上涂饰着鲜花图案的装饰画，人们透过窗户能看到室外的美丽景色，用手可以触摸到多彩的装饰材料，耳边回荡着悦耳的音乐声，人们的心情也会变得逐渐平静。如果人们可以用手触摸到房间的装饰，而且设施内还有适度的声音、色彩、味道，这样的空间环境就可以成为让人安心的场所。

患有视觉障碍的患者，除了视觉之外他们的其他感觉要比普通人更为敏感，他们甚至可以感觉到所处房间的空间大小及其形状。这是因为他们除了可以用手的触觉来认识所处的空间，

淋浴房的门口悬挂着淋浴用的海绵和刷子（瑞典，沙菲兰福利设施）

窗户外面的鲜花正在盛开（日本，锦绣苑）

也可以用脚的触觉来认识地面的材料，也可以通过辨别听到声音的不同回声来判断室内空间的顶棚高度。

瑞典有所接收多重残疾患儿的学校。凡是进入这所学校的孩子们，都会得到一个淡紫色的小口袋，从袋子里能发出特别的香气并传来沙沙的声音。这是在让孩子们用手来触摸学校的一种方式。有些残疾福利设施的淋浴室门口，悬挂着淋浴用的海绵和刷子，当人们闻到香皂的香味时，就知道淋浴的时间就要到了。设计师在进行空间设计的时候，不仅需要考虑患者对视觉的感受，更要考虑其他感觉产生的影响。

家具和整理

目前日本很多的医疗福利设施机构在规划室内装饰设计方案的时候，还不太重视对室内家具和用具的设计。如果要对福利设施的建筑物进行全面的装饰施工，就应当改变目前的家具设计样式，调整室内的空间布局，提高人们的生活品质。日常的室内整理工作和室内家具设计的实用与否有着极为密切的关系。

室内装饰设计左右着室内整理工作

在很多福利设施机构里常听到类似这样的抱怨声："存放东西的地方实在是太少了"。如果房间里用于存放东西的地方不足，就会有人将杂物堆放在走廊或门厅等处，还会出现在门厅的盲文标识旁边摆放着轮椅以及在过道中放置着扫除用具的现象。不论如何进行室内装饰设计，如果不及时清理各种物品，其数量就会不断地增加，结果就会造成室内居住环境的生活质量下降。只要我们平时注意清理工作，不论是什么年代建造的建筑物，也会让人感到生活安排得很有秩序。整理工作进行的如何，和室内装饰设计密切相关。

北欧老龄设施内收拾整洁的房间
（丹麦，拜达哥德福利设施）

在进行建筑物的装饰设计时，设计师就要考虑到今后开展的日常整理工作。很多大型的医院，一般都制定有定期进行整理工作的计划。但是目前的状况是完全按照使用者的意愿布局整理物品，并没有充分地考虑好如何利用有限的空间，规划什么用品放在架子上、什么物品放到柜子里。和私人住宅不同的是福利设施的使用者有管理人员、财务人员、业务人员等等，每个人的习惯各不相同，只有制定周密而细致的整理规划方案，才能使有限的空间发挥最大的效能。整理工作方案和安装标识方案、环境色彩方案都属于福利设施机构进行有效管理的基本工作范畴。

尽管日本的很多建筑借鉴了许多西方建筑的特点，但是其内部设计还是保留了日本的传统风格。为了使房间的使用面积增大，白天将睡觉的被褥放到壁柜之中。尽管日本的住宅设计采用西方的建筑风格的时间并不长，但是平时如何整理这种西式的房间成为很多日本家庭面临的难题。

柜子里装满了不用的物品

在参观日本福利设施的时候，经常看到由于没有良好的整理工作规划，让人感到其内部显得杂乱无章。

笔者曾经参观过日本某所公立的残疾人士福利设施，其设施的大门要比民办的设施气派得多。其内部有宽敞的走廊，还有体育馆般宽敞的游戏室，并且其中 1/3 的面积做成了壁柜。尽管这样，还是能听到："存放物品的地方太少"一类的抱怨。打开游戏室壁柜的门，看到里面存放着为举行运动会而准备的各种大球，还有为举行活动而准备的大型设备和各种服装，各种道具堆满了整个壁柜。当作者询问："这些东西每年都要用吗"，得到的回答是："已经有两三年没有使用过了"。

事实上设施的管理者自己也不是很清楚这些东西是什么时候、什么人以什么目的购置进来（或接受馈赠）的，所有物品购置进来之后就被收入到壁柜之中。由于平时不注意整理，不及时淘汰不常用的东西，长年累月物品就越积越多，使得存放物品的空间变得越来越小。最后的结果造成没有足够的存放空间，只能占据走廊和其他的室内空间。这些没用的东西既浪费了大量的资金，而且由于需要进行存放而占用了大量的使用空间，就相当于占用了大量的土地出让金和工程建筑费。这种浪费设施内使用空间的现象，其结果也影响为患者创造舒适的生活环境。

设施的管理者要明确哪些东西是设施里经常使用的物品，要及时整理各种物品，对于没有使用价值的物品要及时清理。对于不经常使用的大型道具，可以同其他的福利机构共同购买使用。设施的管理者每年要制订专门的采购计划，决定由何人从何处购进何种物品，物品最好放置在需要使用的场地附近进行保管。储藏柜内一般不放置消耗品，对于已经损害的物品要及时修理，修理不好的物品就要及时淘汰，没有用的物品要及时送到市场上进行销价处理。设施的管理者要像经营一个家庭一样，在日常的生活中绝不要购入各种不需要的物品。

单独放置某些不想丢弃的物品

有些物品经过整理发现对自己用处确实不大，但是丢掉又可惜。老人们在搬进老龄福利设施的时候，需要耐心整理自己的物品，避免由于匆忙处理某件物品而造成心理上的不愉快。老人们在处理自己的物品时，一般都会仔细思考，因为他们对其中的每件物品都会带有深厚的感情，里面可能都有一个难忘的故事。强行处理老人们自己的物品，有可能对老人们造成非常负面的影响。

要将老人们经常使用的物品放到让他们容易记住的地方，因为缺少了这些东西会给老人们的日常生活带来不便。而日常不用的物品可以放到单独的地方进行存放。

瑞典的“赛尔修斯花园”老龄福利设施，在建筑物的地下一层为每一位入住的老人准备了三个榻榻米面积大小的储藏室，在储藏室里老人们可以存放自己的东西。很多伴随着老人们已经有很长历史的物品，老人们不愿意舍弃也是可以理解的。一旦老人们想起这些物品，在储藏室里马上就可以找到。不能否认这些物品在过去的岁月中给老人们曾经留下了十分深刻的记忆。

不仅要准备存放物品的空间，还要准备放置物品的架子和挂钩

日本的福利设施内的房间里，除了有可以存放物品的壁柜，也有放置物品的架子。这种货架可以让人们随意放置自己的东西。

北欧地区福利设施内的储藏室和洗衣房，在进行室内装饰设计的时候就设置了专门的空间用来存放物品。而且在房间内也设计了存放各种物品的多用途架子，安装了可以悬挂物品的彩色挂钩。洗衣房里还准备了熨斗和挂西服的衣架。

作者考察北欧福利设施的时候，发现有的房间大门上还安装有特别的标识，表明房间里存放有拖布和水桶。不管是谁，一看到这种标识，就能清楚地明白房间里存放的东西是什么。在某所将残疾患者组织起来进行生产的福利设施内，在某个房间大门上看到这种特别的标识，房间内存放着扫除时所需要的工具，拖布、水桶、清洁剂都放在室内的货架或挂钩上。人们需要的时候可以直接从架子或挂钩上拿走拖布和水桶，在用完了这些工具之后再放回原位。如果一时忘记了吸尘器放在什么位置，人们可以从位于走廊角落里的储藏室或从楼梯边上的储藏室里找到。在扫除结束之后，再将各种扫除用具放回原位。

看得见的整理和看不见的整理

整理工作的基本原则应当是一切为了方便下次使用，因此需要将这些用具存放在再次需要使用的场所附近。例如在门厅的旁边，放置用来存放雨伞和帽子的架子或挂钩，并安装有醒目的标识。当智障患者和患有认知功能障碍的老龄人士在外出的时候，可以提醒自己不要忘记带上这些相应的用品。

洗衣房里的衣架
（瑞典，艾莱拜蒙特福利设施）

方便的吊钩
（瑞典，赛尔修斯格坦福利设施）

墙壁上安装着存放物品的货架
（挪威，兰诺斯康复中心）

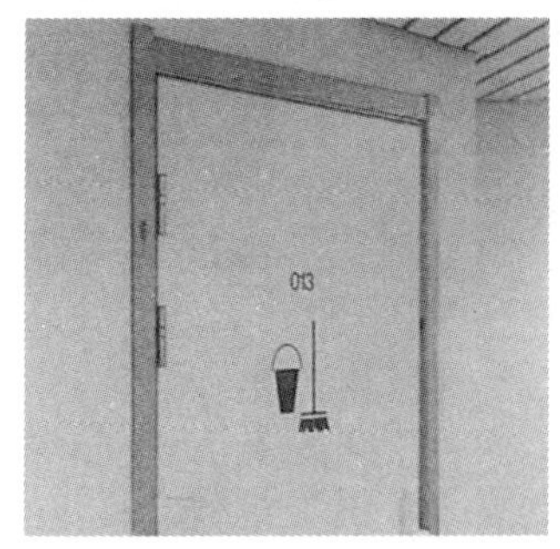

门上的标识表示房间存放着拖布和水桶（挪威，兰诺斯康复中心）

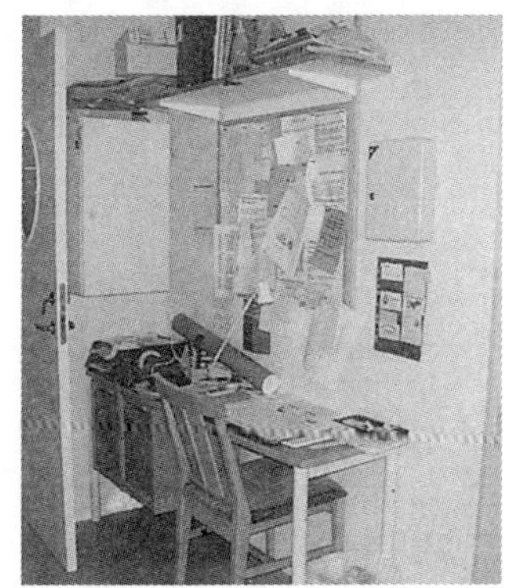

位于走廊角落里的储藏室
（瑞典，罗茨哥德福利设施）

设置在门口的衣帽柜
（瑞典，罗茨哥德福利设施）

作者在北欧地区某所老龄人士的福利设施里看到，每个房间的门口都设有一个衣帽柜。而且旁边还安装了一面穿衣镜，老人们在外出的时候，可以站在穿衣镜的前面，整理一下自身的衣冠后再出门。

在某所智障患者的福利设施门口，也设置了贴有每个人姓名和照片的柜子，当人们外出的时候，可以从自己的柜子里取出外衣、鞋、皮包等物品，然后再出门办事。

在老龄福利设施里，作者看到把老人们常用的厨房用具、木工工具、手工用品放在醒目的位置上，设施的管理人员将需要引起老人们的注意事项写出来贴在醒目的地方，随时提醒老人们注意。设施内准备了书架，用来放置报纸和杂志，供老人们阅读。在制作陶艺房间里，货架上保存着老人们制作到一半的陶艺制品，便于老人们下次接着继续制作。在编织制作的房间里，货架上放置着用来编织织物的各种颜色的丝线，对于有创造意愿的老人而言，他们可以根据实物的色彩自己创作编织作品。

整理好的织机
（瑞典，卡尔马公立医院）

门厅柜子上挂皮包上方贴有每个人的姓名
（瑞典，艾莱拜蒙特福利设施）

这种有秩序的管理手段，可以随时提醒人们及时整理自己的物品，避免出现混乱无章的场面。

作者通过对收留智障患者的福利设施的调查得知，很多人在门厅的鞋柜旁换鞋的时候，都出现过类似的差错。由于都是样式相同的鞋柜，很多人经常会开错柜门，将别人的鞋子换上。尽管在鞋柜上贴着每个人的名字，但是还经常出现这种弄错的现象。尽管不识字的人数很少，但是还是有人出错。管理人员在鞋柜贴着名字的地方再贴上不同颜色的条带之后，穿错鞋子的现象就很少再出现了。

存放木屐的鞋柜（日本，里之风）

存在着“用惯了的家具”误区

作者在考察北欧的老龄福利设施的时候，吃惊地看到设施内全部是类似宾馆内使用的高档家具，这些家具难道都是老人们自己带进来的吗？日本的福利设施里面有很多老人们自己带进的“用惯了的家具”。日本要想实现北欧福利设施内这样的生活环境，目前还面临着诸多困难。

让老人们使用自己“用惯了的家具”，的确可以为老人们实现安心的生活环境。但是日本的老人们多数一直是在使用自结婚时就制备的陈旧家具，有的衣柜体积很大而且必须借助双手才能打开柜门。在日本福利设施狭小的居室里，允许老人们带

居室内放置着人们用惯了的家具
（瑞典，特罗尔杰哥德福利设施）

进体积庞大的家具是不现实的事情。其结果是为了备齐能在房间里使用的家具，福利设施机构只好再购买新的家具。

北欧地区的福利设施内，衣帽间和厨房的面积都很大。人们可以带着自己的床、沙发、小柜、地毯入住。由于日本福利设施的面积有限，不可能设置专门的衣帽间，只能配置挂西服的衣架。如果要在房间里再放置床、电视、西服架的话，那么房间里就连放置椅子的地方都没有了。

由于日本不具备类似北欧地区那样的设施环境，要想实现人们携带自己“用惯了的家具”入住设施的做法，是十分不现实的事情。日本的福利设施可以努力创造放置床、桌子、沙发的空间并在条件允许的情况下设置衣帽柜，对于没有携带椅子和沙发入住的人士，福利设施的管理者也可以为其准备高档次的相应家具。

餐桌的高度能上下自动调整

作者在参观某所老龄保健设施的时候，发现放置在食堂的钢质餐桌其高度是可以上下自动调节的。对于老龄人士、使用轮椅的残疾人士、高个子的人士、矮个子的人士等不同人员来说，用餐的桌子高度可以根据使用者的不同随时进行调整。但是在设施内寻找用餐时调整桌子高度的情况，发现是出奇地少。有的桌子自购进之后一次也没有调整过高度，使用者一般直接使用设定好高度的桌子，自己很少去调整桌子的高度。而且由于设施内购进了两种不同高度的餐桌，人们在用餐时自然地分成两组，各自选择适合自己高度的餐桌就座。

在这所福利设施内除了看到上下可以调整高度的餐桌之外，还看到了设施内购进的 U 字形桌子、变形虫式的桌子等各种一系列新颖的商品。在没有任何室内装饰的房间内，需要优先考虑房间的使用功效，要让居住在房间里的人士拥有较好的生活质量。

从细微之处入手，营造设施整体的环境氛围

现在很多的福利设施都选用木质的椅子和桌子，以增加设施的温馨气氛。但是其食堂内还是使用原先的运货车，依然摆放着的是钢质家具。创造福利设施的温馨环境不能仅靠暖色调的椅子和桌子，也要从货架上的装饰、垃圾箱的设计等细微之处入手，营造整体的环境氛围。福利设施在购入钢质办公用品的时候，要考虑和整体的氛围是否协调。墙壁上安装的装饰绘画是否统一选用木质的画框，为庆祝工程竣工而作为贺礼准备的时钟和镜子是否和设施的整体气氛相吻合。作为祝贺的一方有必要事先和设施机构预先沟通，告诉其准备的贺礼材料及类型，征求对方的意见，避免接受礼物的一方产生不快的情绪。

餐桌的高度能上下调整

餐桌上摆放的餐巾（挪威，兰诺斯康复中心）

破坏整体氛围的小型运货车
（瑞典，赛尔修斯格坦福利设施）

另外，设施内放置观赏植物的台座、座椅之间添置的茶几、墙壁上的挂毯等等，这些花钱不多的小物品也会影响设施的整体环境氛围。

作者在考察北欧地区的老龄福利设施的时候，接待方用来招待客人的茶水和点心会让人产生一种温馨的感觉，其奥妙就在于摆放在旁边的纸巾。在每位客人的玻璃杯旁，都有个放置彩色纸巾的盘子，纸巾和桌布的色调一致，使谈话的双方处在安闲的氛围之中。人们也可以想象得到在圣诞节的时候，这所福利设施由红色和绿色所营造的欢乐气氛。北欧的福利设施这种从细微之处入手的做法，很值得日本借鉴。日本目前使用的是非常薄的纸巾，尽管人们在擦拭嘴或手之后就将纸巾丢弃，但是从对待纸巾的态度上可以看出对工作的细致程度。

工作用椅和休息用椅

椅子的类型有多种多样，有摆放在餐桌旁人们可以将双肘放到椅把上的扶手椅，有休息时可以将后背全部靠到椅背上的躺椅（日本把这种躺椅也称为“沙发”），有带脚蹬但椅背很低的座椅，有日本很少见的北欧老龄福利设施内的高背椅，有椅背上部突出的靠背椅，有可以随时携带到户外使用的折叠椅，还有可以自己前后晃动的安乐椅等等。

这些椅子可以根据不同的用途合理使用，例如工作用椅椅子的座面很宽，可以让人产生一种安全感。另外还可以将工作用椅分为有扶手、无扶手、低椅背三种类型，人们可以根据不同的作业内容选择不同类型的工作用椅。为了使坐着的工作人

门厅椅子上的坐垫（瑞典，罗茨哥德福利设施）

员容易站立起来，可以选择座高是50cm的高脚椅。由于食堂内的座椅容易染上油污，因此应避免选择多彩的座椅。在谈话时为了烘托友好的氛围，座椅上可以放置相应的坐垫。由于不同的空间有其不同的使用目的，宽敞的空间和狭窄的空间的用途也不相同，因此要根据空间的不同用途选择其适合的座椅。

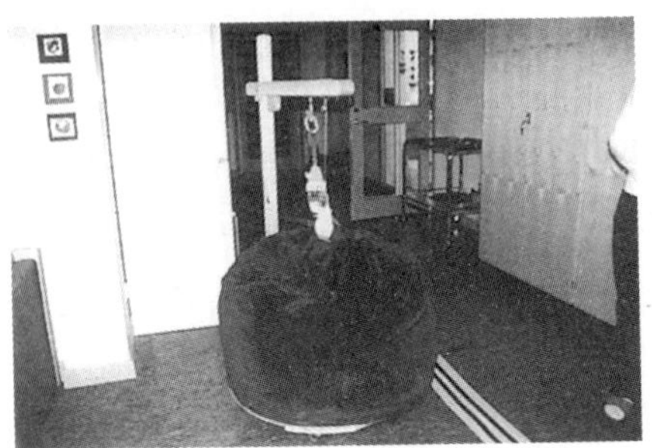

铺着带孔坐垫的椅子
（瑞典，斯德杰拉斯库兰儿童福利设施）

老龄福利设施内的一个居室
（荷兰，库利斯曼养老院）

居室里摆放着不同用途的座椅
（荷兰，库利斯曼养老院）

从反映海外福利设施的照片中可以看到，一般在长沙发上都摆放着几个大小不等的坐垫。很多坐垫都经过专门的设计，摆在座椅上可以适合不同体型和坐姿的人。个子矮小的人坐在宽的沙发上，向上站立的时候会感到有些吃力，如果在腰的部位放置棒型的坐垫，而在后背再放置一个大背垫，坐在沙发上的人士在活动时也会感到自如很多。有的时候也可以在手臂的下面放置坐垫。对于老龄人士和残疾人士来说，如果长时间以一种姿势坐在椅子上，会感到十分疲劳。这时如果用一块小的坐垫则可以使人调整坐姿，使其坐得更为舒适。

房间里准备了待客的座椅

作者在考察北欧老龄福利设施的时候，曾惊奇地看到在老人们居住的房间内放置了很多的椅子。而在日本的福利设施内，居室内一般是榻榻米，只有少量的房间里摆放了卧床，有的房间甚至连供自己就坐的椅子都没有。客人来了一般就坐在床上或榻榻米上，有时甚至连招待客人饮茶的地方都没有。

作者在考察荷兰的某所老年公寓的时候，发现在一位 92 岁女士居住的房间中央，放置了一张大圆桌，桌子的旁边还摆着四把椅子，在看电视的地方还放有一把扶手椅，房间内还另有一个单人沙发。从房间摆设的这些不同类型的座椅，可以看出老人的生活是非常舒适。

虽然不同的房间确保了个人生活的私密性，但是一个人整天都呆在房间里也会产生各种问题。如果房间里没有足够的待客空间，那只能站着和客人谈话，这样的谈话也不会长久。由于日本的福利设施建筑面积有限，作者建议福利机构为了防止老人们的孤独，有必要开辟公共的会客场所，设置好各种待客用的座椅和茶几，为人们创造一个良好的会客空间。

日本病房的面积不是很大，只有少量的医院在病房内为患者准备了会客用的座椅，作者建议医院应为探视病人的客人准备一些折叠椅。如果医院为客人准备了必要的椅子，患者就可以坐在床边轻松地和客人谈天。

地毯真是那么危险吗?

有的福利设施内曾经出现过老年人因踩空台阶而跌倒的事情。老年人出现跌倒的现象一般可以分成浴室里滑倒、出门时踩空、上下台阶时踩空、在榻榻米或地毯的边缘处摔倒等几种情况，老人们一旦发生跌倒情况很容易造成骨折。特别是地面上有 50 ~ 60mm 的台阶时，铺在地上的地毯又将台阶全部遮住，老人们非常容易出现跌倒等危险的事情。作者在考察北欧老龄福利设施的时候，看到很多场所的地面上都铺着小块的地毯。作者向相关的工作人员询问："地上铺地毯，难道不怕让老人们跌跤吗？"得到的是否定的回答。

仔细观察铺在地上的地毯，基本上绒毛很短而且厚度很薄、重量很轻。地毯一般都铺在桌子和椅子下面，而不铺在通道上。假如因为地毯使老人们发生踉跄，老人们也可以及时扶住桌子或椅子，不会出现大的事故。

地毯并不危险（瑞典，赛尔修斯格坦福利设施）

在日本的老龄福利设施里，很少铺设地毯。但是在北欧的福利设施里，看到了和日本截然不同的情景。如果设施内仅布置桌子和椅子的话，会给人造成室内装饰过于单调的印象，铺设地毯可以使室内环境发生改变。在选择和铺设地毯的时候，要认真选择地毯的材质、厚度，注意地毯边缘的铺设情况。

采光和照明的设计

本部分将着重介绍在进行室内装饰时，如何综合考虑对照明设备和自然采光的设计。

日本人喜欢用荧光灯吗?

根据日本朝日新闻的报道，世界上广泛使用荧光灯的国家和地区并不多[2]。2002 年日本照明用荧光灯的产量是白炽灯的 3 倍，也就是说每个日本人在使用一个白炽灯的同时在使用 3 个荧光灯。而美国使用白炽灯和荧光灯的比例是 5 : 2。从这样的统计数字似乎可以得出“日本人喜欢用荧光灯”的结论。实际上 70% ~ 80% 的日本老人确实喜欢使用荧光灯。

日本人喜欢白色的灯光是因为经历了战争创伤的原因。日本的传统建筑普遍使用拉门和拉窗，光线透过拉门和拉窗可以间接地照射在房间内，形成柔和的白色光线。经历了战争年代灯火管制的人们，曾经在电灯泡（白炽灯）的照明下度过了痛苦的战时岁月，非常渴望荧光灯那象征和平而柔和的光辉。战

阳光透过拉门之后成为间接的白色光

后日本的学校、工厂、写字楼、医院几乎所有的场所都使用白色的荧光灯，荧光灯是象征日本人民开始复兴进行新生活的指路明灯。日本经济经过高速发展的增长期后，今天步入到稳定发展的成熟期，人们为了追求更好、更舒适的生活环境，又开始重新认识白炽灯的温暖光芒。

如今光线在人们的日常生活中发挥着非常重要的作用。在农耕时代的人们，只有在太阳升起之后才进行劳作，人们日常的生活几乎全部在白天进行。由于生活在现代的人们经常在天黑了之后才用晚餐，晚上还要继续学习，所以非常需要人造的光线以确保人们能顺利地工作、学习和生活。为了保证夜晚的安全，并出于防盗、防火的需要，晚上也需要保证最低限度的照明。照明会对周围环境的氛围产生重要的影响，可以使夜晚的生活变得更为温馨。

不论是医疗设施机构还是福利设施机构，都需要按照房间的不同用途来选择不同的照明灯具，确定室内灯光的照明程度。根据 JIS（日本工业规格）的标准，在室内装饰设计时，应确保室内的各处空间处于同样的照明程度。在保证基本照明程度的情况下，应当努力降低照明的成本。目前日本在很多场合都使用荧光灯作为照明的灯源，这是因为在实现同样照明程度的情况下，荧光灯的耗电量只有白炽灯耗电量的 1/3。尽管荧光灯可以使整个空间充满暖意，但是还是不能实现白炽灯的中心光源的照明效果，因此荧光灯一般都用在居室的照明上。

符合时空效果的照明方案

现在的照明设计方案已经从过去那种实现空间的照明程度向完成空间的照明设计方向上转变。今天的照明设计方案更加重视灯源的位置、照明的时间、照亮的场所等 3 个要素的协调性，关注如何在不同的空间内实现理想的照明效果。

荧光灯的色温较高，其色带以蓝色调为主；白炽灯的色温较低，其色带以红黄色调为主。荧光灯一般用于写字楼、工厂等场所的照明，主要原因是其用电成本较低。实验证明，人在色温较高的环境中更能激发活性。如果白天人始终处在近似自然光的环境中，人们更能适应紧张的工作。由于荧光灯利于激发人的交感神经，便于人的身心处于紧张的状态之中。

与之相反当人们处于一个放松的环境中的时候，空间的照明最好选用色温度低的光线来照明，而白炽灯和日落前的色温一样基本都处于很低的水平，因此选用白炽灯是非常合适的。

现在有的企业已经开发生产出来和白炽灯一样呈黄颜色照明效果的荧光灯，使人们有了更多的选择空间。

根据不同的空间布局和不同的用途，医院和福利设施可以依照光的特性，制定相应的全部照明、局部照明、装饰照明等不同照明设计方案，控制照明的时间和空间。

在一个多用途的使用空间里，需要统筹考虑照明设计方案。例如从早上到晚饭前为活动时间的照明设计，而晚饭之后是休息时间的照明设计。在白天人们大部分时间活动的空间内，如果阳光过于充足会使人感到不舒服。有时会用窗帘挡住强烈的阳光。当阳光不足的时候，室内显得比较灰暗，有必要采用人工照明的方式补足光线。实际上在不同的场所和房间内，都应设有不同的照明开关，当时间和天气发生变化的时候，可以随时调整所在空间的照明程度。

从傍晚到入睡之前，室内应当采用利于人们身心放松的照明灯具，最好采用低照度的白炽灯（或黄颜色的荧光灯），使用落地灯、壁灯、顶灯等局部照明和间接照明等不同的照明方式，使人们的身心处于一种放松的环境之中。如果走廊采用荧光灯照明，而房间里采用白炽灯照明，人们会产生房间里的光线要暗一些的感觉。在夜晚的时候，走廊和室内的照明

灯的位置很低，使人置身于一种轻松的环境之中
（丹麦，库里斯桑特赖特 · 格巴哥顿儿童福利设施）

设计要协调，走廊的照明程度只要能达到看清楚脚下的效果就可以了。

如果将光源安装在不高的位置上，可以使室内形成安闲而轻松的氛围，创造出一种温馨的环境。在本书第 68 页的照片介绍的是丹麦紧急救护设施机构内的工作人员用于会客的空间。房间的一角悬挂了一盏垂吊下来照明用的吊灯，桌子上还摆放有盆栽。由于灯放置在较低的位置上，消除了房间里可能出现的令人紧张的气氛。而与之相反，若想增添室内的生动、活泼的空间气氛，可以将灯具直接安装在顶棚上，这样照明的高度很高，可以取得理想的光照效果。由于白天的光线的运动轨迹是从上向下，因此到了晚上将光源设定在不高的位置上，可以起到温馨舒适的室内效果。

冷色调的空间和暖色调的空间

日本的公用设施一般采用荧光灯作为照明用的主要灯源，而在北欧地区的相关设施内多采用暖色调的白炽灯作为照明灯源。采用白炽灯作为照明灯源，使得略感灰暗的空间似乎增添了欢快的气氛。不论采用什么样色彩的材料装饰室内空间，不同的照明系统设计有可能完全改变室内的装饰效果。

前面已经阐述了为什么在日本的设施建筑中大量使用荧光灯进行照明的原因，除了考虑能否让建筑设施达到理想的照明效果，主要的因素是在同样的照明程度下，荧光灯的耗电量要远远小于白炽灯的耗电量，因而使用荧光灯的照明成本要低得多。

由于考虑到日本的用电成本比较高，因此只能在部分场合

作业疗法的工作室里既安装有用于整体照明的荧光灯，也安装了用于个人作业白炽灯的吊灯。(丹麦，奥德赛 · 罗卡尔中心)

玻璃吊灯发出柔和的光线使整个房间充满了暖意(日本，里之风)

灯池里发出的光映照着整个顶棚(日本，阳谷故岭)

适度地使用白炽灯替代荧光灯。白炽灯的照明会让人产生一种温馨的感觉。

例如日本的食堂一般选用荧光灯作为照明的灯源，并且都是将荧光灯安装在顶棚上，使其能照亮整个食堂。如果在餐桌的上方安装以白炽灯为光源的吊灯，人们在用餐时可以看到白炽灯发出的红黄色的光线，有利于人们的食欲增加。尤其在晚餐的时候，在暖色调的白炽灯光线下，使食堂的用餐环境处于和谐的氛围之中。在进行作业疗法的工作室里，可以采用在顶棚上安装荧光灯并同时安装白炽灯的吊灯，以确保室内空间具有足够的照明程度。

如果将白炽灯安装在建筑物的外面，同样可以起到温馨的效果。若室内安装了乳白色的玻璃吊灯，人们在建筑物外面可以看到室内灯具所发出的光线，可以对建筑物建立一个基本的印象。但是白炽灯和荧光灯相比寿命短且耗电量大，如果将白炽灯作为在白天补充日光不足的首选灯源，成本可能要高很多。除了需要考虑灯具的使用寿命之外，在选择照明器具的具体样式时还要将容易安装与否作为考虑的重要因素。

照亮了顶棚，照亮了墙壁

直接照明是指照明灯具通过光源直接发出光线进行照射，间接照射则是指光源发出的光线经过反射之后再照射。采用直接照明的结果可以确保空间的照明程度。如果采用直接照明的方式保证作业时所需的照明，那么顶棚和墙壁的一部分会处于相对灰暗的环境之中。如果利用光线具有反射的特性，可以使用间接照射的原理照亮顶棚和整面墙壁，而且光线经过反射之后也会显得柔和很多。

采用间接照明的方式可以照亮高高的顶棚，也可以照亮房间里的整面墙壁。如果房间里的高度不是特别高，采用间接照明的方式可以照亮整个顶棚，显得房间的净空增加很多。如果对走廊内的绘画作品或特别的物品采用聚光照明的设计，也可以为走廊增添华丽的色彩。

本书第 80 页左上图反映了某所北欧老龄福利设施内的食堂情况。安装在顶棚上的吊灯既可以照亮房间的一角又可以看清楚室内的基本状况。

光线影响着走廊里的装饰效果

当人置身长而单调的走廊内的时候，不由地会萌生出一种

从高处垂吊下来的吊灯照亮了墙面（瑞典，特罗尔杰哥德福利设施）

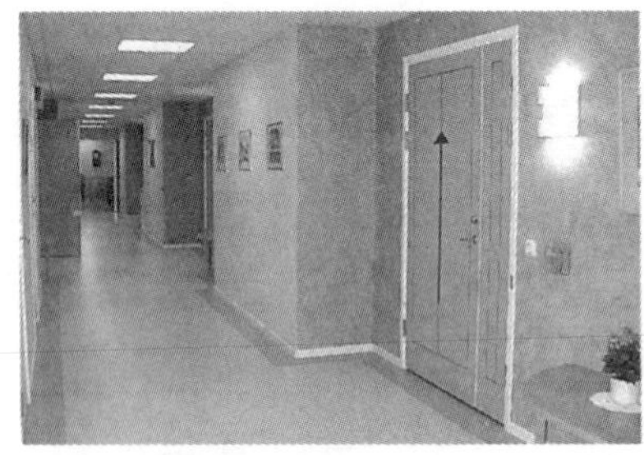
安装在居室门口的壁灯（瑞典，特罗尔杰哥德福利设施）

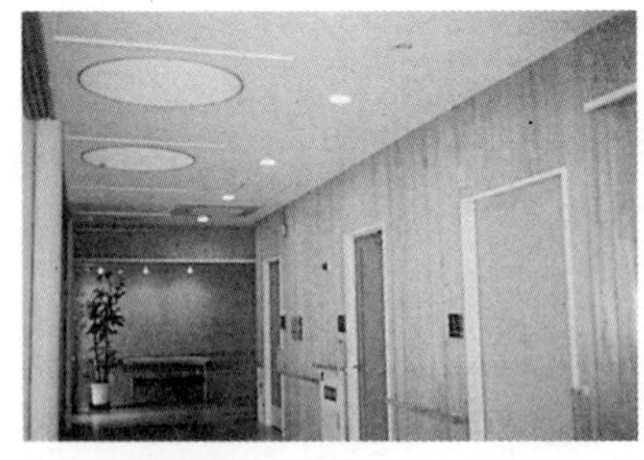
安装在顶棚的顶灯和走廊尽头的壁灯照亮了整个走廊（日本，里之风）

不安而烦躁的心情。但只要进行稍微的照明设计，就会使走廊的空间氛围发生很大的改变。例如在房间入口处的墙壁上安装壁灯，就会使墙壁产生多层的效果。在走廊的尽头，如果安装照明灯具也可以减少人们因走廊太暗而产生的不安情绪。在顶棚上设计出灯池，可以将所有的照明灯具安装在其中，不同的光线叠加反射交汇在一起，可以使整个空间产生出美妙的照明效果。

夜晚的荧光灯光线会使人产生兴奋的情绪，不利于老年人放松心情及时入睡。走廊的照明设计的光线应以弱光为主，只要求卫生间等特别场所的地灯能有基本的照明强度，保证能起到安全引导的作用。为了便于人们夜晚出来能看清脚下的地面，地灯在晚上应保证能通宵照明。

医院长长的走廊里有时运送急救病人，为了避免走廊的光线直接照射在躺在急救床上的病人，因此需要在走廊的两端安装必要的照明器具以显示走廊的基本走向。

灵活使用座灯一类的照明器具

人们在宾馆里经常可以看到座灯和落地灯一类的照明器具。在房间沙发之间的茶几上或柜子上面放置的座灯，可以增加室内的层次感并让人们处于一种放松的状态之中。位于身边的落地灯以直接照明的方式，从头部向下直接照射，和安装在顶棚上的顶灯所产生的间接照明交织在一起。在看书的时候采用落地灯不会有光线漏出来，倘若希望落地灯也能照亮整个房间，落地灯可选用和伞布一样的透光材料。

由于座灯可以随时移动，也就可以随时改变室内的空间气氛,因此人们随时将座灯放到需要的位置上供看书、阅报时使用。当需要照亮房间的某个地方或者人们在进行作业的时候，座灯可以发挥十分重要的照明作用。倘若在规划室内照明工程的时候，部分地方由于事先考虑不周没有设计安装照明器具，那么使用座灯可以弥补设计中的缺陷。在使用座灯的时候要格外小心，避免被座灯的电线所绊倒。在平时使用座灯的时候，为了避免弄倒座灯，一定要把座灯放到牢固的台面上。

变幻的灯光创造出迷人的空间

如果老龄福利设施的浴室内光线不足，便容易出现老人跌倒的现象。所以一定要安装必要的照明器具，要让浴室做到作业疗法的工作室那样的照明效果。在北欧残疾人士的福利设施的浴室墙壁上都设计了特别的灯台，灯台的灯具只要能发出蜡烛一样的光亮，就可以让人产生一种安定的感觉。倘若在灯台上点上蜡烛，人们的心情会向蜡烛一样芳香明亮。开亮灯台上的灯，会让人怀着一种安闲的心情去洗浴。

过去的日本有在烛光下入浴的习惯。今天可以在特定的场所内，无需花太多的费用，就可以回味过去的那种传统。当然点燃蜡烛进行洗浴的时候，要特别防止发生火灾一类的危险。

建筑师在进行建筑设计的时候，要非常注意室内自然采光的效果。顶灯和天窗通常可以比普通的窗户产生3倍的光照效果，随着太阳的运动，室内的照明空间也在不断发生变化。随着时间的流逝，太阳光的强弱也在发生变化，同时使室内的空间色彩及环境也发生有趣的变化。

安装在浴室墙壁上的灯座
（瑞典，艾莱拜蒙特福利设施）

多种多样的照明器具
（日本，照顾孩子的临时设施——泉）

随着科学技术日新月异的发展，灯具的材料也在不断发生改变。从过去的普通发光灯泡到发出一束束彩光的光纤维，从通过光的反射照亮的玻璃珠灯具到由发光二极管构成的光幻世界，各种各样的灯光组合在一起，为人们创造了一个灯火变幻的光影环境。但是应当引起注意的是类似电视机一样的闪光灯容易刺激患者的脑神经，诱发癫痫病的发作。福利设施内尽量避免采用强刺激的照明设计，要为居住在其中的人们创造一种放松舒适的居住环境。

房间里装饰的灯具
（瑞典，拜亮哥德医院）

针对老龄人士和自闭症患者的照明设计

人的视力随着年龄的增加会逐渐衰退，出现视力下降甚至晶体混浊的现象。如果眼睛长时间对着耀眼而强烈的光源，容易诱发人们出现紧张的情绪甚至还有可能出现其他事故。为了抑制炫目的光线，人们可以采取遮挡光源或者安装灯池的做法将直接照明转换成间接照明。直接从顶棚上顶灯发出炫目的光线容易引起人们不安的情绪。在北欧福利设施里看到窗户上安装的窗帘只有 30cm 长，这种短窗帘不仅可以起到装饰的效果，还可以遮挡炫目的光线。当阳光从位于走廊尽头的窗户里照射进来，照到地面上

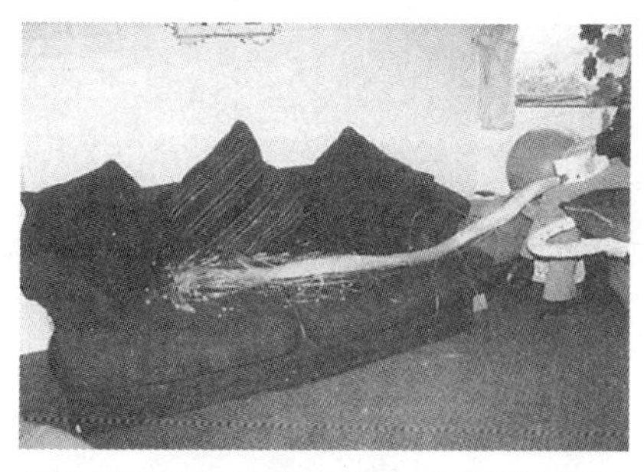

安装在起居室的光纤维（英国，潘哈斯特学校）

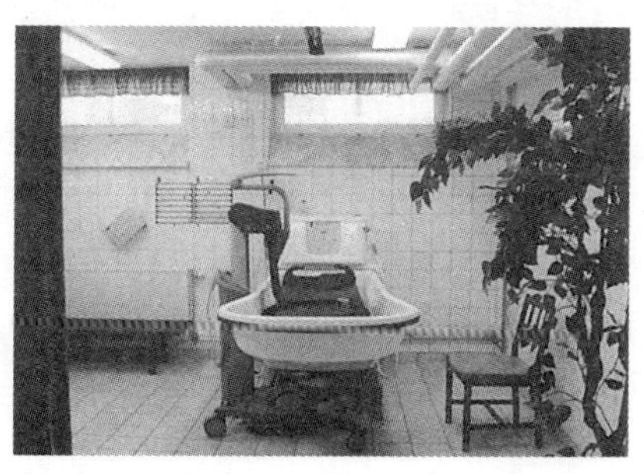

安装在窗户上的窗帘可以遮住炫目的光线
（瑞典，拜亮哥德医院）

从窗户里透过的光线（日本，锦绣苑）

会反射出耀眼的光线。如果在窗户上安装窗帘，地面铺设不容易发生反射的亚光材料，就可以避免出现这种耀眼的反射现象。

老龄居室的照明设计和年轻人居室的照明设计完全不一样，必须要确保房间内具有绝对的照明，通常要有年轻人的房间2～3倍的照明效果。为了避免强烈的光源给老人们带来各种不适的刺激，老龄居室的房间可以采用多组弱强度的光源组合在一起的照明设计方案，必要的时候还可以添加其他的辅助照明的手段。由于老龄人士适应明暗环境的变化能力比较弱，当从灰暗的场所一下进入到明亮的场地的时候，老龄人士的视力需要有一个逐渐适应的过程。所以有必要在老龄居室的房间门口开设偏窗，在老龄福利设施的大门处设置大厅，这样有利于老人们的眼睛逐渐适应明暗变换的空间环境。

很多自闭症的患者，对于荧光灯闪烁的光线非常敏感。因此在选用荧光灯的时候，应尽量避免选用闪烁度高的荧光灯。在安装荧光灯的时候要采用安装灯池的做法，将荧光灯的直接照明转变成间接照明的方式，这样既可以遮住直接照明的光线，也可以使间接照明的光线显得更加柔和。

空气和声音的设计

尽管人们不能用眼睛看到空气和声音，但是空气和声音也是构成室内装饰设计的重要环境要素。

巧妙地使用香味进行室内装饰

作者在考察瑞典某所残疾人士临时看护中心的时候，惊奇地发现在一个只有 4 张榻榻米大小的按摩室里，弥漫着蜡烛和油脂的芳香气味。

如果能有效地利用药草等植物散发出来的芳香气味，不失为一种非常好的自然疗法。药草中的某些成分有利于提高人们身体的免疫力，促进人身体和精神的健康。植物散发出来的芳香气味可以起到镇定神经、消除紧张情绪的效果。不同药草的芳香气味具有不同的功能，人们应根据不同的目的合理选择药草，使药草散发出来的芳香气味发挥其最大的功效。人们在工作的时候，可以利用药草散发出来的迷迭香的味道，激活人们的脑细胞，使人们处于兴奋的状态之中。在休息的时候，人们可以利用伊兰油散发的香味，让人们的

按摩室内散发着芳香气味
（瑞典，沙菲兰福利设施）

紧张情绪得以放松。在睡觉的时候，人们可以使用薰衣草散发的香味，镇定人的神经系统，便于人们尽快入睡。通过合理有效地使用药草发出的芳香气味，使人们的生活充满了乐趣[3]。

不论人们走在哪里，只要闻到空气中飘来的特别芳香味道，就可以唤起人们记忆中的四季变化。如果在室内布置某个季节所特有的芳香气味，一下子也可以唤起人们久违的记忆。同样的芳香味道，对不同的人所唤起的回忆也不尽相同。在有众多人都滞留的空间里，不适合长时间使用高强度的芳香气味。

除去卫生间里的异味

建筑设施内最令人烦心的异味就是从卫生间内散发出来的味道。不论是多么豪华的建筑物，只要空气中弥漫着卫生间散发出来的异味，就会让人丧失谈话的兴致，造成就餐时的食欲下降，使人始终处在一种焦躁不安的情绪之中。要想除去卫生间的异味，首先卫生间的地面应当选用不沾污垢、不易渗透的材料来铺设。用于铺设卫生间地面的材料，既有便于流水的“湿”材，也有难以流水的“干”材。传统的日本卫生间地面出于便于清洗的考虑，地砖基本上选用的都是“湿”材，但是这种材料的缺点是地面不容易干燥，而且容易使污垢进一步扩散。现在卫生间的地面基本上选用“干”材，

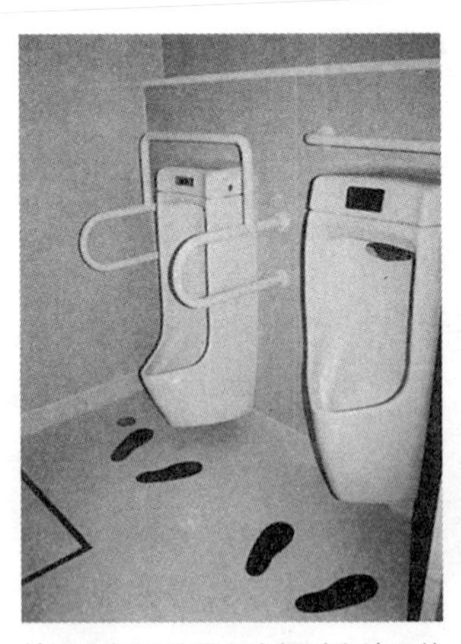

地面上标示着男士小便时应站立的位置（日本，阳谷故岭）

为了避免沾染上污垢，“干”材的地砖表面上还覆盖了一层抗菌防垢的乙烯树脂薄膜。

此外可以采用换气的方法将室内的异味散发出去。要在室内设计一些进气口，吸进室外的新鲜空气，同时又可以将卫生间的异味排出去，使室内不再存有异味。

很多男子在方便的时候常常将尿液撒在日式的便器或男性小便池的外面。一些老龄人士或残疾人士在方便的时候，由于弄不清楚准确的下蹲位置或站立位置，也会弄脏卫生间。如果准确标示其站立的位置，则可以避免出现上述令人尴尬的场景。

卫生间的卫生需要定时打扫。公共设施内必须确定定时打扫卫生间的时间安排，还要布置专人随时进行检查。在供残疾人士使用的卫生间内，必须张贴相关坐便器的操作方法，便于残疾人士使用。

去除厨房异味的失败实例

厨房中异味也是构成建筑设施异味的原因之一。在食堂准备饭菜的过程中，设施内有可能弥漫着各种菜肴的气味。从厨房散发的气味中，人们甚至可以判断出制作饭菜的原料、调料究竟是什么。因此厨房应当安装换气扇及时将这些气味排到室外。

作者曾经考察过一个刚刚竣工不久的福利设施，那天恰好厨房正在准备午餐，整个食堂内弥漫着厨房做饭的气味。厨房的中央是灶台，灶台的上方安装了一个大型的换气扇。但是厨房的墙壁上还安装了空调机，从空调机吹出的冷风将厨房里的烟气吹向了食堂的另一侧。由于空调机吹出的冷风改变了厨房里的气流风向，因而使得换气扇的换气功能大打折扣。设计师需要统筹考虑设施内的空气流动状况，设定好进气口和排气口，规划好空气吹进和吹出的流动方式，避免出现类似这种失败的设计实例。

设计师在进行食堂设计的时候，还要认真考虑窗户的大小和百叶窗的结构，要隔断厨房可能产生的噪声和气味。如果在食堂内设计玻璃门一类的隔断，能给用餐的人创造类似家庭般氛围的就餐环境。

房间的温度和湿度设计

日本有些福利设施，夏日西晒的阳光可以直接照进设施的内部，设施的管理者经常抱怨连安装冷风机的预算都没有。但是这样的设施即使安装了冷风机，如果不采取遮住西晒阳光的室内装饰，也不能完全抑制室内升高的温度。

日本自古就采用搭凉棚、挂帘子、铺席棚一类的做法，遮住阳光避免其直接照射进室内。传统的日本建筑都设置有地窗，便于室内的空气流通，并且在室内洒水实现降低室温的目的。福利设施完全可以采用这些传统的做法，控制室内的温度和湿度。

近年来由于建筑物日趋大型化、高层化，安装了各种人工控制的可以调节室内温度和湿度的中央控制系统，为人们创造了舒适的工作和生活环境。

现在一般的大型建筑都安装有中央空调，打开空调可以直接控制吹进的冷风风量大小，也可以控制吹进室内的风是热风还是冷风。夏日的时候最好还是使用风扇，特别是当人们从浴室洗浴出来的时候应避免直接进入开有冷气的房间里。

对于老龄人士而言，由于其触觉的逐渐衰退，人们对疼痛、冷、热一类的感觉变得更加的迟钝。在通常的情况下，冬天室内要预先设定好暖风。现在的建筑不同于传统的木质日式建筑，基本上采用的是钢筋混凝土式的结构，不必担心有风会从窗户的缝隙里吹进房间。通常室内安装的空调都设有进气口和排气口，应避免外面的风从进排气口出入，影响室内的空气流动[4]。

植物可以起到净化空气的作用（工作间的内部）

设施的管理者要特别注意的是避免室内的空气过于干燥，防止老龄人士出现感冒或引起其他疾病。在冬季的时候，室内可以配置加湿器，随时调节室内的空气湿度。如果在室内放置盆栽一类的植物，也可以起到调节室内湿度的作用。研究表明，室内养殖的植物确实可以起到空气过滤器的作用。植物的叶子可以吸收空气中的污染物和二氧化碳，释放出来氧气和水分。在室内养殖植物，不失为一种有效的室内装饰，还可以起到空气净化的作用，人们看到植物也有利于缓解紧张的情绪。

创造舒适的声音环境

声音会对人们的情绪产生影响。设计师在进行室内装饰设计的时候，需要使用各种隔声或吸声材料，创造理想的声音环境。

首先，室内需要适度的安静环境。身体不好的人士，对于声音更为敏感。空调发出的机械声音或走廊里传来的脚步声，都会引起病人的心情烦躁。因此医疗福利设施尽量安装静音的空调机，走廊里尽可能铺设柔软的地毯，避免出现令患者心情烦躁的噪声。

其次，为了消除引起人们不快的声音。室内的顶棚和墙壁要选用木材或饰布进行装饰，这样可以适度地吸收产生的各种噪声。如果室内装饰采用能吸声的窗帘、壁毯、垫子，也可以减轻部分的噪声。

第三，尽可能创造舒适的声音环境。如果室内能有舒适的声音，也会让人的心情舒畅。每个人对声音的感受是不一样的，有的人喜欢歌剧的声音，有的人则喜欢古典的音乐，需要根据不同的人创造不同的声音环境。当一个人如果听到喜欢的音乐，其心情也会愉快，和其他人士相处得也会更加融洽。

不仅是音乐，自然界的声音也会影响人们的情绪。如果长时间置身于一个空调的环境之中，有可能让人忘记掉自然界的季节和天气变化，也会让人失去应有的喜怒哀乐的情绪变化。只要可能的话，人们都应当置身于自然的环境之中，耳闻风雨变幻的声音，倾听小鸟和小虫不绝于耳的鸣叫声，让人体会到生活是如此的多姿多彩。设计师在规划福利设施的设计方案时，应当重视设计创造舒适的声音环境。

利用音乐

当音乐传进人的耳朵之后，就会刺激人们接受艺术信息的右侧大脑，而平时用于处理事务的左侧大脑则处于放松的状态。当人们聆听古典音乐的时候，并不影响左侧大脑的思维活动，因此人们可以在听音乐的同时进行学习和工作。曾经有报道说，在作业的工作间里播放音乐，可以提高工作人员的工作效率。

音乐果真会有这样的效果吗？作者通过对日本残疾人士工作间的作业效果的调查，播放的音乐对员工提高工作效率的影响并不大。不同的人员、不同的作业内容和播放的音乐类型，都会产生不同的效果。需要根据具体情况创造具体的音乐环境。

在瑞典残疾人士的“沙菲兰”的福利设施内，有很多用于刺激患者五大感觉器官的康复房间。在一个帮助患者进行运动的房间里，其内部采用了暖色调的内部装饰，房间里播放着节奏感很强的音乐。在这样一个使人们能够心情放松的房间里，其内部采用了暖色调为主的装饰，充满了生活的气息。

房间里播放着自己喜欢的音乐
（瑞典，艾莱拜蒙特福利设施）

叽叽喳喳的小鸟可以松弛人们紧张的情绪
（瑞典，拜亮哥德医院）

走廊内的装饰设计
（瑞典，莎菲兰福利设施）

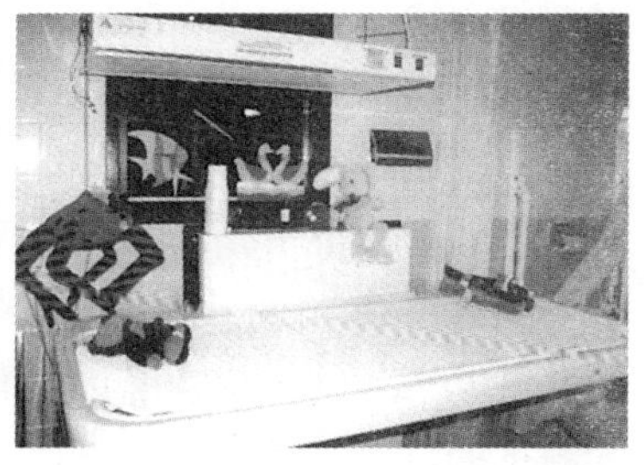

在孩子们的治疗房间里，放置着八音盒
（瑞典，冈古罗德斯保育院）

在接收重度残疾患者的福利设施里，设施内的工作人员每天操作台式录音机，在每个房间里播放着患者选择的用于起床的音乐或入睡的音乐。在儿童的治疗室里，放置着孩子们喜欢的八音盒，里面播放着孩子们喜欢的音乐，利用音乐帮助医生进行治疗。

不要刺激敏感的患者

对于声音感觉特别敏感的人，尽可能地不要隔断声音。如果一时外面孩子们的声音过于喧闹，可以暂时地关闭窗户来阻断声音。如果工厂作业时经常发出烦人的声响，可以采取安装双重玻璃的窗户来隔绝声音。如果为了抑制设施内部过大的声响，室内的装饰材料可以选择吸声效果明显的地毯、壁毯和皱褶较多的窗帘。如果对浴室的噪声过于敏感的人，可以避开很多人都在的情况下进行入浴。

不论采取何种方法，要想完全隔断声音是不可能的事情。在可能的情况下，人们可以使用耳机来防止烦人的声音，同时从耳机里听到播放出来个人所喜欢的音乐时，也会减轻人们那种烦躁的情绪。

在公用的起居室内，总是会传来播放电视机的声响。福利设施内应当确保有足够的安静卧室供患者休息。

另外房间里的湿度和温度变化，也是容易使人心情烦躁的一个因素。在某所接受智障患者的福利设施里，安装了中央空调控制系统。如果中央空调没有达到患者所需要的理想的湿度和温度条件，也容易使患者产生不安的情绪。因此在调整中央空调的时候，也需要考虑到患者切身的感受，努力调整到患者满意的温度和湿度，避免患者产生不必要的情绪波动。

有效地使用天然材料

不论室内装饰采用何种装饰材料，都会对居住在室内的人的心情产生重要的影响。这里重点描述的是医疗福利设施的内部装饰如果选用天然的材料，则有利于提高患者的治愈效果。

使用天然材料可以彰显自然的活力

材料可以分成天然材料和人造材料两大类。天然材料包括木材、石材、土、金属和植物纤维等，人造材料则包括以石油为原料生产出的塑料材料和其他人工合成材料。不论什么国家，自古都是利用当地的天然材料作为基本的建筑材料。在日本的传统建筑中基础材料都是选用木材，并用泥土涂饰墙壁，并且选用天然的植物材料制作拉门、拉窗、门帘、窗帘、榻榻米。

现在由于科学技术的快速发展，大量以石油为原料生产出来的被称为“新型建筑材料”应用到了现代建筑当中，使得传统的建筑方式发生了根本的改变。由于现代交通运输的发展，日本的建筑物中已经很少使用产自日本的木材，更多地选用从海外市场进口的且价格低廉的原木。

新型的建筑材料包括人造大理石、人造木材、人造纤维布等，同时这些材料具有天然材料所具有的自然纹理，人们从外

使用天然材料建设的住宅

观上已经很难区别天然材料和人造材料。在各种商业设施和临时建筑内，经常可以看到使用的各种新型的建筑材料。但是要把这些新型的建筑材料应用到人们日常的生活中，还是存在着诸多问题。天然材料可以长时间地保持其原有的特性，而刚刚生产出来的人造材料尽管都具有很好的外观，但是在使用过一段时间之后，会出现褪色和变质的现象。近年来由于人们的环境保护意识不断增强，使用天然材料作为室内装饰材料的呼声也日趋增强。尽管日本私人住宅内使用“天然材料”的商品数量在不断增加，但是医疗福利设施出于容易清扫的目的，室内装饰材料还是更多地选择价格低廉的人造材料。因病住院的人士需要全社会的关心和爱护，如果他们看到就医的场所使用自然色调的天然材料进行装饰，也会感受到自然界所充满的活力。

使用木材的有效方法

木材是体现日本风土人情的天然材料。杉树、日本扁柏是日本具有代表性的针叶树种，其纹理清晰、肌纹美丽，是做立柱的首选之材。而橡树、枹树是日本具有代表性的阔叶树种，其强度很高，适合用作地板材料。下面将分 6 个方面一一阐述木材所具有的特性。

用日本扁柏的集成材做成的家具和地面（日本，阳谷故岭）

1. 吸湿性。木材具有自我调节湿度的作用。当外界湿度升高时，木材具有自动吸收空气中水分的特点。当湿度降低的时候，可以向外释放木材中的水分。

2. 弹性。木材具有适度的弹性性能。当人们行走或发生跌倒的时候，撞上了木质的材料时，木材可以起到适度的缓冲效果。

3. 绝热性。木材的导热效果不如钢材和水泥。在冬天的时候，人们触摸木材不会感到过于寒冷。在夏天的时候，木材在阳光的直接照射下，木材表面的温度也不会发生太大的变化。

4. 吸声性和隔声性。木材的吸声效果要比水泥材料高 20 倍。木材的吸声效果非常明显，而且具有适度的隔声效果。木材降低高频噪声的效果非常明显，但是对树叶、小虫发出的低频噪声的降噪效果则表现一般。木材是一种十分奇妙的建筑材料。

5. 暖色调。大多数的木材以红黄色调为主，木材很自然地会让人产生一种温暖的心理感觉。木材表面具有凹凸不平的纹理，光线照射在上面会发生漫反射，不会产生炫目和视觉疲劳的效果。而且不同的木材纹理，也会让人感到木材的外表是那样的“有趣”。

6. 芳香性。木材可以散发出其特有的芳香。科学的实例已经证明，木材散发出来的芳香气味具有抗菌和除臭的效果，可以解除人们的身体疲劳和缓解紧张的情绪，使人们的身心得以放松。

以上从多个方面描述了木材所具有的特性，在以木材作为装饰材料所构成的空间环境中，木材所具有的色彩、散发出的气味、具有的纹理、产生的吸声功效都会使置身其中的人士，产生一种轻松而舒适的感觉。

尽管很多建筑物的地面和墙壁使用木材进行装饰，但是放置在室内的桌子、椅子、书架则很多采用钢木制作的家具，这样的配置改变了原有的装饰效果。对于挂钟、画框、木饰、房间的标识等具有设计性的物体，最好还是选用木质的材料，以增加温馨的装饰效果。

尽管使用木材作为装饰材料，可以使室内的装饰充满了温暖的色调。但是在选用木材的时候，需要认真地比对。由于树种的不同，其木材的纹理和色调也会有很大的差异。在一个室内的装饰空间内，应尽量避免选用两类树种的木材作为装饰材料，否则会使室内的装饰效果缺乏整体性、统一性。

榻榻米所具有的功能和其代表的精神

榻榻米是具有日本传统风格的重要装饰物。榻榻米自古以来就是日本直接铺设在地面上进行睡觉的卧具，深受日本人民的喜爱。传统制作榻榻米的材料，都选用灯心草，而房间的地面用稻秸或麦秸制作。用灯心草制作的榻榻米具有很好的弹性和保温性，用手触摸有一种柔软的感觉，灯心草散发出来的芳香沁人肺腑。由于榻榻米不防水容易产生污垢，而且容易滋生虱子，所以平时需要及时保持榻榻米的干燥。长时间地使用榻榻米，容易引起人们膝关节的疾病，造成人们在站立和就坐时的动作吃力。因此作者建议在老龄人士生活的环境中尽量避免使用榻榻米。

作者在参观日本老龄福利设施的时候，发现凡是有榻榻米的房间里都有存放卧具的壁柜。由于很多患者使用轮椅，因此设施内的地面尽可能地避免存在的各种台阶。设计师在规划设计带有榻榻米的房间的时候，需要统筹考虑房间内的空间布局。什么位置适合就寝，什么位置适合于谈话，如何便于两三年后更换新的榻榻米。尽管看似简单的榻榻米室内布置，但是要想创造轻松的生活环境，最大限度地发挥空间的使用效能绝不是一蹴而就的事情。

传统的榻榻米是用灯心草或稻秸制作，现在出现了不用稻秸制作的新式榻榻米。这种新式的榻榻米和传统的榻榻米相比具有质轻、价廉和不易滋生虱虫的优点，但是其吸声和减振的效果不如传统的榻榻米，而且吸湿性较高容易让人产生不适的感觉。这种新式的榻榻米多用于在公寓一类的建筑之中。

在老龄福利设施里，一般不使用以灯心草或稻秸制作的榻榻米，而是采用乙烯树脂制作的榻榻米。这种榻榻米可以说是徒有其名，其表面呈鲜艳的绿颜色，但是用手触摸便有一种黏糊糊的感觉，完全不具备传统榻榻米的特点，而只是借用了“榻榻米”这样一个名称。如果要在福利设施内营造家庭般的环境，在室内装饰时不光要使用榻榻米，还要设计拉窗、拉门等带有日本住宅特点的装饰，才能营造出日本人熟悉的居住氛围。

使人心旷神怡的绿色

当笔者向某所组织残疾人士进行作业的福利设施的工作人

员询问："现在的设施建筑中还存在什么问题？"的时候，工作人员在经过认真思考之后最后嘟囔道："希望还有一个院子"。以笔者的眼光进行观察，在那所福利设施内的工作人员其工作强度超出常人。工作之余希望能看到周围绿色的景致，休息的时候能够在种植着树木花草的庭院中散步，这也不是什么过于苛刻的要求。

很多学者都在研究如何利用自然界的影响消除人们工作时产生的紧张情绪。通过对进行了同样手术的两位患者的康复过程跟踪比较，其中一位患者居住在能透过窗户看到绿色庭院景致的病房内，而另一位患者居住在四周只有墙壁的病房里。发现居住在能看到绿色景致病房内的患者住院时间比较短，平时使用镇痛剂一类的药物数量和种类也比较少，而且给护士添麻烦的事情也不多。曾经有实例表明，如果房间内放置了观赏植物，工作人员在进行用细绳穿串珠作业时的效率会提高很多。由于绿色植物的存在，确实可以减轻人们的疲劳，而且也有利于人的身体早日康复。

绿色不仅能使人们的视觉环境感到非常舒适，而且由于植物的蒸腾作用也能起到净化空气的效果。由于绿色植物的存在，还可以增加室内的湿度。其散发出来的芳香气味也有利于人们缓解紧张的情绪（见本书的第 88 页 ~ 第 89 页）。

眺望庭院的绿色景致可以使患者心旷神怡（瑞典，拜亮哥德医院）

这些绿色植物对舒缓人们紧张的情绪起了非常重要的作用，作者建议医疗福利机构在可能的情况下要积极发挥绿色植物的这些功效。

窗边的绿色（瑞典，赛尔修斯格坦福利设施）

绿色的室内装饰

很多参观过北欧地区老龄福利设施的人们，不由自主地会发出："我也想在这里居住！"的感慨。因为这些老龄福利设施的内部装饰、色彩构成、家具设计等所有的空间要素无不从细微之处体现出一种独到的人文关怀，设施内放置的各种观赏植物也构成了绿色的温馨世界。

桌子上放置着用来观赏的盆栽
（瑞典，罗茨哥德福利设施）

作者在参观这些福利设施的时候，首先引起人们目光的是窗边装饰的各种绿色植物。窗台边上是进行绿色装饰的最适合场所。在作者访问的丹麦老龄福利设施里，不论多么小的窗户，必定会用鲜花或绿色植物进行装饰。日本建筑物多数安装了铝合金的窗户而且没有窗台，而北欧地区的建筑其墙壁很厚

用绿色装饰的墙壁
（瑞典，罗茨哥德福利设施）

且窗户的台面宽度达到了 20cm，这样的台面很自然地成为绿色的“装饰场所”。北欧地区的窗户高度也比日本的要低，窗户高度只有 50 ~ 60cm。人们坐在椅子上就可以整理放置在窗台上的绿色植物并能眺望远处宜人的景色。

设施的房间地面上，一般都放置着大型、中型的观赏植物。一般大型的观赏植物放置在带有脚轮的台子上，便于平时的整理和移动。走廊和居室的墙壁上也用绿色的植物进行装饰。安装在墙壁上的装饰画也是描绘着绿色的主题。

北欧福利设施内用绿色装饰的地方非常多。放眼望去，视野中三分之一的地方都是用绿色来装饰。设施内有很多大、中、小三种规格的花盆，种植了很多绿色植物。设施内地面和桌子上也放置着各种盆栽，和从顶棚上垂吊下来的盆栽，构成了沿水平和垂直方向交汇的绿色空间，使人置身于轻松的绿色环境之中。

培育绿色植物

如果在日本的福利设施内培育绿色植物，那么平时究竟由谁负责对植物进行浇水和看护，这已经成为困扰日本很多福利设施机构的一个重要问题。在考察丹麦的福利设施时候，发现很多的房间内都种植着绿色植物，作者不由地提出：“平时都是由谁来看护这些植物？”的问题，得到的回答是：“当然是工作人员啦”。设施内种植着如此多的盆栽，每天都要频繁地搬动并进行浇水，并且要对植物进行特别的培育，对于工作人员来说是其工作量是非常之大。在访问另一处福利设施的途中，作者遇到了一位乘坐轮椅的先生。当他得知作者来自于日本的时候，非常热情地邀请作者到他家去做客。这位残疾人士平时自己独自生活，他居住的房间收拾得十分整洁，窗边摆放了种植的各种盆栽。当作者询问这位名叫卢帕的先生："平时是谁来看护这些盆栽呢？"的时候，卢帕先生回答："除了我自己没有别人"。丹麦人有喜欢种植花木的习惯，而且种植花木已经成为丹麦人生活中的一部分，而爱好整洁、美化环境也是丹麦人文化传统中的重要要素。

在进行老龄福利设施的室内装饰规划时，从什么地方购买经济的花卉和在什么地方摆放观赏植物等都应构成室内装饰的重要内容。观赏植物可能会产生枯萎，可以购买配置大、中、小不同类型的观赏植物。一年后当再次参观福利设施的时候，会发现大型的观赏植物只有二、三株出现枯萎的情况，而小型的观赏植物很少出现类似的现象。

植物平时需要浇水培育，但是过多的水分也会造成植物出现枯萎的现象，因此培育植物也是一项非常专业的工作。日本很多医疗机构推广的园艺疗法，可以使患者在学习掌握种植植物技术的同时，也使自己的身体得到康复。

庭院是人们另一个起居室

日本人自古就有喜爱自然的传统，日本传统的建筑设计就将

老龄人士住宅的墙壁上种植着植物
（丹麦，拜达哥德福利设施）

可以坐着轮椅进行作业
（瑞典，特罗尔杰哥德福利设施）

建筑和自然紧密地结为一个整体。在建筑物的周边都建设有绿色的庭院，推开建筑物的拉门和拉窗，就和自然界构成了一个整体。

如果医疗福利设施能采取积极的措施规划庭院的设计布局，那么庭院就会成为人们日常生活的另一个起居室。鸟语花香、微风拂面的室外环境，是很好地刺激患者感官的外部空间。庭院内种植的金桂树、月桂树散发出来的芳香气味，秋风吹拂下的摇曳红叶，挂满枝头的累累果实，穿梭在花草、树木之间上下飞舞的彩蝶和小鸟，构成了迷人的庭院风光。

设计师在规划庭院布局的时候，要为进出院落的人员考虑，在庭院内需要设置一定的座椅和遮阳的设施。有条件的庭院还可以种植遮阳的大树，布置凉亭和太阳伞，设置板凳和桌子。如果庭院内还有多余的空地，可以为患有认知功能障碍的老龄患者建设供其散步的场所，种植上没有毒性的植物。如果条件允许的话，还可以在庭院内开辟进行园艺的作业空间，为患者提供有利于身心健康的康复环境。

丹麦的汉纳尔镇有一个接收患有认知功能障碍患者的老龄福利设施。这座建在高地上的老龄福利设施是由 4 栋 L 型的建筑围

设置了用来遮阳的太阳伞
（丹麦，拜达哥德福利设施）

感觉之院（丹麦，德霍伊福利设施）

合而成。4栋L型建筑合围出来的庭院被人们称为:“感觉之院”,因为这个庭院也是设施采取治疗的一种手段。庭院内种植的各色鲜花和药草散发出来的芳香气味都强烈地刺激着患者们的感觉器官，设施内的工作人员和患者都有很强的意识将庭院看成是自家的院落。庭院的四周还建设了一圈供人们散步的道路。

日本现在也逐渐建设各种花园式的住宅，用鲜花和绿色为人们的生活增添更多的色彩。在建设医疗福利设施时，也应尽可能用绿色植物来装饰周围的环境，陶冶人们的情操。

建设绿色的环境

日本自古就有用绿色植物改变生活环境的传统。在住宅的周围种植树木形成抵御狂风袭扰的树墙，种植竹子构成体现地域街区特色的矮墙。各家的庭院内种植的夏日可以遮阳、冬天可以挡风的大树。但是由于日本城市化进程的飞速发展，城市变成了混凝土森林，

墙面绿化（日本，阳谷故岭）

停车场的绿化（日本，里之风）

屋顶绿化（日本，里之风）

出现了温度上升的热岛现象。为了减少城市的热岛现象，需要在城市里重新建设新的绿色环境。

可以采用屋顶绿化和墙面绿化的方式建设绿色的生活环境。实施绿化的墙面和没有绿化的墙面的表面温度会有很大的差异，实施绿化的墙面表面温度可以比没有绿化的墙面表面温度低 10℃。如果设施的管理者利用建筑物周边的土壤种植植物，那就会为整个街区增添绿色，让行走在街道上的人们心情舒畅，同时还可以使建筑物的表面温度下降。种植的绿色植物通过光合作用排放出氧气，可以起到净化空气的作用，不失为一石二鸟或是一石三鸟的好做法。

现在的城市是汽车的海洋，停车场占用了大量的城市空间。对停车场进行适当的绿化也是建设绿色世界的重要工作。为了避免汽车的碾压，停车场的绿化工程不同于其他场所实施的绿化工作。停车场需要采用间隔绿化的方式，选用边长为 15cm 而内部直径是 8 ~ 9cm 圆孔的水泥块，铺设在停车场的地面上并用钢筋予以固定。再在圆孔内倒入土壤和草籽，并浇水进行养护，待草籽出芽后场地的绿化工程就告一段落了。

由于地球环境的日趋变化，需要人们齐心协力应付地球暖化。医疗福利设施机构在进行室内装饰设计的时候，要将环境因素作为重要的考虑要素。

注：

1 要对癌症晚期的患者实施有效的看护，齐心协力减轻病人的痛苦。

2 朝日新闻，2003 年 4 月 8 日。

3 佐佐木薰，《芳香气味的功效》，池田书店出版，1999 年。

4 古拉吉纳 · 皮拉特贝茨著，清水忠南和清水纯子译，《室内装饰》，丸善出版，1996 年。

第3章　医疗设施的色彩构成

Hitomi Umesawa

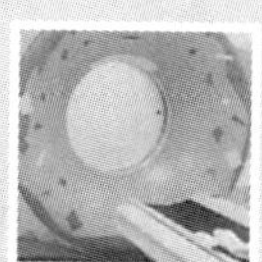

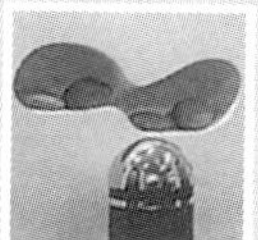

色彩构成

色彩是创造舒适环境的一个重要要素。但是日本的很多医疗福利设施机构对于色彩所起的作用认识还不深刻，很多人对色彩的认识还非常肤浅。日本的医疗福利设施现在十分重视硬件的建设，努力建造一个利于患者提高自身治愈能力的温馨治愈环境，减轻患者紧张和不安的情绪，同时也降低工作人员产生的心情焦躁的几率。有实例证明：色彩的变化对人们的心理变化会产生很大的影响。如果能合理地利用色彩的变化，就能对患者的病症产生良好的治疗效果。现在日本的一些医疗福利设施已经采用了这种被称为“容易理解的诱导方法”的心理治疗手段，利用不同的色彩装饰，为患者营造舒适的治愈环境，已经取得了显著的治疗效果。

本章并非是在介绍色彩学的基础理论，而是通过作者对医疗福利设施的色彩装饰设计的亲身实践，将在色彩设计过程中总结出来的经验体会告诉给各位读者。本章将以实例的形式，具体说明在色彩设计、实施过程中需要重点考虑的几个关键要素。

从使用者的角度出发

作者从事的是医疗福利设施的色彩设计工作，在工作过程中曾经有人对此提出异议：“医院本身就应当是白颜色的，给医院搞色彩设计是多此一举”。几年以后，还是这位先生对作者说：

“现在的医院已经完全变样了”。人们对医院所持有的印象受杂志和电视剧的影响很大，而亲身到医院进行实际感受的人士并不是很多。很多建筑师经过了大学的建筑学专业学习，掌握了学科领域里的专业知识，但是系统地学习和“色彩学”相关课程的人士并不是很多。很多从建筑学专业出身开始从事设计工作的设计师，都是通过自学的方式学习和“色彩构成”相关的知识。

尽管现在越来越多的建筑师对色彩设计产生了浓厚的兴趣，但是并不意味着了解了色彩学的基本知识之后就能设计出令人舒适的建筑空间。设计师在学习了色彩学中的颜色对比、混色方法、调和理论、色彩感情等基本知识之后，要将其色彩理念体现到对建筑空间的设计过程中。不同的人士基于不同的角度、不同的视野、不同的心情出发，对色彩的理解也不尽相同。由于设计师的文化和历史背景的差异和受教育程度的不同，每个人对色彩的喜好也不一样，对色彩所产生的轻重感觉、冷暖感觉的体会也存在着较大的差异。

本书以作者的立场出发，介绍三维空间内的色彩构成的基本方法。作者尽可能地从多角度出发,模拟工作人员、老年患者、儿童等不同人群的切身感受，体会各自所需要的舒适空间。由于不同的人士基于不同的立场，考虑问题的方式也不同，因此作者模拟的感受也会存在着差异。但是作为建筑师在进行室内装饰设计的时候,都应当做这样的工作。只要持一种认真的态度，不论是谁都可以学习并模拟他人的感受。

色彩设计的过程

色彩设计包含了人们对不同色彩的心理体验而产生的色彩

感情，人们会因色彩的变化而发生血压、心跳的变化并产生其他的身体生理反应。来自不同地域环境的人士对色彩的冷暖感觉、平衡感觉也不尽相同。以下作者将一一描述在进行色彩设计工作的时候需要注意的几个要素：

1. 收集信息。调查周围的环境，召开由设计方、投资方等多方参加的研讨会。

2. 完成总体的色彩设计方案。根据建筑物的形状、周围环境的实际情况，完成包括外部装饰、内部装饰的色彩设计框架方案。

3. 分区设计。根据不同房间的使用功能，分别完成各个房间、各个区域的设计图。

4. 在分区设计的框架方案基础上，进行色彩的调配比对。决定空间色彩的基调、色彩的关联、色彩的重点等基本要素。

5. 色彩的平衡调整。需要统筹考虑内部装饰、安装的标识、放置的家具、摆放的艺术品等色彩的轻重感觉和平衡感觉。

6. 完成色彩方案。选定和色彩设计方案中颜色相吻合的材料，先在样本上完成初步的调色工作。再根据样本的实施情况，对整体情况作出适当的调整。

7. 决定标识、家具、艺术品及其他设备的基本色调。

8. 在实施过程中，定期到现场进行核查、监督方案的实施过程。

不制作色彩工程的手册

尽管医疗福利设施机构有明确的使用对象，而且设施内不同空间的功能清晰，但是不能制作一个仅包括色彩方案的工程手册。由于各种福利设施因地域情况、历史背景、思想理念、使用目的、基本功能、对象年龄、建筑设计等方面存在着很大差异，要想确定符合福利设施风格的色彩设计方案不是一件容易的工作。例如位于城市中心和边远山区的养老院，由于地域条件和入住者的生活习惯存在着很大的差别，因而对色彩的认识也不一样。不同的福利设施其周围景观各具特色，要想创造同周围景观相称的舒适环境，其色彩设计方案也是千差万别。随着时代的变迁，人们的需求也在发生变化。色彩设计方案应在考虑多种因素的基础上，确定既突出个性又兼顾和周围环境协调的基本设计思想。

色彩方案和装饰设计有着紧密的关系。黄颜色的柔和曲线和黄颜色的歪斜不规则直线，尽管都是同样的颜色，但是会产生截然不同的效果。同为黄颜色也还存在着明度、纯度上的差异。色彩和形状之间的相互关系决定了人们对色彩的基本印象。建筑物别致的造型同搭配和谐的色彩可以让人产生事半功倍的视觉效果。如果色彩搭配不协调，造型再好的建筑也会让人产生一种设计失败的印象。因此毫不夸张地说，色彩搭配的成功与否直接决定了建筑设计的“生”与“死”的视觉效果。

综上所述，色彩设计方案是色彩装饰的指南针，但是要想制作一部通用的色彩工作手册是件非常困难的事情。

基于同样的原因，完成色彩搭配的工作手册也是十分困难的。曾经有人仅通过参考相关的书籍选择其中经典的色彩搭配实例、古典的色彩搭配实例,就完成了自己所谓的色彩设计作品。人们把大到蓝天、大海、森林，小到蝴蝶、小虫看成是和名画一样的天然艺术作品。我们的身边也有各种广告设计、会展设计、包装设计等从大到小各种设计范例。只有通过对这些范本的认真模拟和学习领会，长期训练自己对色彩的感觉，一定会创造出具有自身特色的色彩搭配设计方案。值得欣慰的是，由于计算机科学技术的进步，使我们可以直接使用计算机模拟各种色彩变化，从中寻找最佳的色彩效果，确定最佳的色彩方案，减少了过去那种出现不如意的设计方案的可能性。

实际上由于工程的建设工期很短，经常需要解决现场出现的各种问题，要想制作一个完整的色彩工程手册是非常困难的事情。只要确定了一个整体的色彩设计框架，可以提高工程色彩选择的自由度，使选择的幅度更为宽泛。

用通俗明了的语言说明要点的重要性

要想实现美好的建筑空间，需要参与项目的所有人员经常加强沟通交换意见。这也是完成好一项工程必备的基础工作。在项目的实施过程中，一定会有很多需要注意的要点，设计人员要及时和事务所的工作人员沟通，用通俗明了的语言将这些重要的地方一一地解释清楚。艺术家将其艺术思想融会在其艺术作品之中，通过艺术的表现方式表达其深刻的内涵，而不需要用通俗的语言来具体介绍其实际想表现的真正涵义。由于传统的工程通常是由设计师一个人完成各种细部的设计、家具的设计、照明的设计，因此无需用语言进行沟通就可以完成其设计方案。但是现在往往是多人同时完成一个方案的设计，相互之间用语言交流是十分必要的事情。

如今的时代是需要大家齐心协力、共同协作的时代。在工期很短的时间内，需要大家一同协作来完成工作。很多工程都需要依靠图纸来推进项目的进展，设计师经常需要用通俗的语言来说明每一步过程的实施要点。参加项目的施工方和设计方需要齐心协力共同工作，顺利完成每一细部的色彩方案的实施工作。

设计方案的思想要和医疗福利机构的管理理念相吻合。当建筑物竣工交付之后并开始营业之际，就要从细微之处体现设施的运营管理方针。设施的管理方要和设施的出资方相互理解和相互支持，将设施营造成具有特色且令人舒心的建筑空间。

色彩方案的调整过程

色彩方案的设计者要统筹考虑建筑物形状、设施的管理理念、地域环境等条件，参照总体设计方案的基本要素，提出工程的色彩设计方案。由于该色彩方案既要符合设施的建筑特征，又要让各方面的人士接受，还要体现总体设计的基本要素，所以需要有足够的时间进行慎重地考虑。这些基本要素是人们今后对福利设施建立初步印象的重要观测点。

相对来说，人们很容易理解描述自然界的一些关键词语。例如用“日出”和“夕阳”来描述太阳，都是反映了太阳美丽壮观的景象。由于“夕阳”通常是用来形容日落时的景色，因此用“夕阳”来描述医疗福利设施，容易令人产生歧义。尽管在日本山茶花也是长生不老的象征，但是凋谢的山茶花也会让人产生不吉利的印象。在构思色彩设计方案的时候，设计师需要多方面地考虑某些要素的多种含义，要认真查找相关的出处，广泛听取多方的意见，避免因对某一要素的不同理解，产生令人不快的事情。

依照上述所描述的问题，设计师需要完成不同空间的设计方案。根据不同的建筑空间，设计师在进行室内装饰设计的时候，需要分区规划本区域内的顶棚、墙壁、栏杆、扶手、大门、家具的色彩构成方案。要考虑该方案的实施能否对患者产生良好的暗示效果，能否为工作人员创造舒适的工作环境，能否最大限度的发挥各部门的功能。一个医疗福利设施的内部既包括了病房、诊疗室、候诊室、急救诊疗室等对外服务部门；又包括了检查、化验、手术等医疗部门；也包括了药房、配餐等供给部门；还包括了医务处、员工食堂等管理部门。虽然医疗设施内各部门很多,但是其分工明确。设施内部根据不同的功能区，既可以分成供患者使用的活动区，还有专门供工作人员单独使用的工作区。设计师需要依照不同区域的使用目的、功能特点、人员构成、对象年龄等基本要素，考虑不同的颜色对人们的心理和生理可能产生的影响，提出初步的色彩设计方案。在提交初步的方案里，设计师应当充分考虑色彩的基调、色彩的关联、色彩的重点等基本要素。设计师要尽可能多的在彩色效果图上，采用多种色彩调配方案，通过立体的空间要素，展现不同色彩环境下的空间效果。设计师提交的色彩方案必须要满足总体的室内装饰设计思想，所有的色彩调配方案要在总体的设计框架内进行。

如果设计师提交的色彩调配方案和实际的样本在操作上存在着差异，现场调配不出所希望的色彩，则需要设计师调整色彩设计方案。但是不论进行怎样的调整，都必须保证色彩的基本平衡，不能出现改变基本色调的现象。

家具、艺术品、标识作为室内装饰的一部分，设计师在室内装饰设计时需要统筹考虑其在总体方案中的色彩效果。在保证室内色彩基本平衡的基础上，可以有条件地适当突出个别物品的色彩，以彰显其个性特征。

在多数的情况下，设计师需要在确定室外装饰的基本色调之后再确定室内装饰的基本颜色。如前所述，建筑物室外装饰的基本色调要和周围的景观建筑及周边的环境相协调。例如位于德国柏林住宅区的休潘达乌医院，其建筑物和周围的环境相适应。医院的外装和周边的住宅及附近的街区显得十分协调，医院位于中央院落的建筑物表面为玻璃和钢的框架结构，让人产生一种轻松明快的感觉。

但是有时人们也十分重视建筑物所产生的象征性效果。德国的瓦伊马尔医院采用的金属色外装表面，其外形为不规则的平面和曲面，整座医院和附近的街区显得十分不协调。这座医院位于一条寂静街道的小山包上，毗邻原东德的住宅建筑研究所。在东德和西德统一之前，东德的医疗福利设施建设要远远落后于西德。作者十分重视福利设施建筑和周围的环境相协调的问题。但是看到瓦伊马尔医院的外装表面，就能联想到其所象征的先进医疗技术。和周围街区的景观协调一致的休潘达乌医院，显示了一种亲民的姿态；这样的建筑造型也给整个街区吹来了一股清新的气息。而外观标新立异和周围环境氛围格格不入的瓦伊马

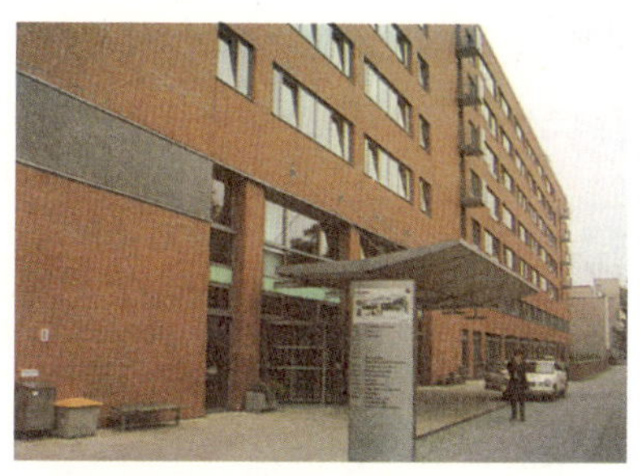

医院的正面大门（德国，休潘达乌医院）

位于中央院落里的重视采光效果的住院部（德国，休潘达乌医院）

象征着拥有先进医疗技术的医院外部装饰（德国，瓦伊马尔医院）

尔医院，则表现着其具有的先进医疗技术。这两座外观迥异的医疗设施建筑是同周围环境是否相适应的两种极端表现。

保证色相的整体统一

要保证大面积的基本色彩的色相统一，对于个别地方需要突出的重点装饰的色调，需根据不同的要求进行色彩调配。确定不同区域的色彩调配的方式，就如同日常选择衬衫、领带那样去确定选择的色调。尽管医疗福利设施内部的区域采用多彩的颜色进行装饰，但是为了保证色彩的统一效果，需要确定基本的色相，然后再围绕基本的色相进行相应的色调调整。由于医院内部各部门的功能不尽相同，所以需要根据各部门的特点，选择反映各部门特点的色彩调配方案。作者曾经看到有些部门选择的多彩颜色容易使人产生过分紧张的情绪，如果长期置身于这样的空间内，容易让人产生疲劳。由于医疗福利设施不同于商业设施，相关人士要长时间滞留在医疗设施内，所以还是采用不易让人产生疲劳的色彩为好，要将刺激人神经兴奋的色彩转变为让人情绪放松的颜色。医疗设施选用的色彩也应当符合时代的流行趋势。

作者曾经在两所医院中看到其装饰的基本色调都为两种，选择的是白色 + 另一颜色，以保证色相的基本统一。如前所述，德国先进的瓦伊马尔医院选用了冷色调进行墙面装饰（见本书第 108 页照片）。这所医院的内部装饰以白色和蓝色作为统一的色相，室内的墙壁和顶棚采用了白颜色进行装饰，而室内的地面、家具、窗帘、标识、工作人员的制服则采用和白色调不同的蓝颜色，由于白色调和蓝色调为同一色相，保证了色相的整体统一。尽管白色的墙壁给医院增添了冰冷的印象，但是照射进医院大厅的灿烂阳光，也使医院充满了浓浓的暖意。作为冷色调的蓝颜色，也给医院带来了时尚、新奇、清洁的效果，使人们感到了医院也从过去人们传统中的印象里发生变化。医疗福利设施的建筑物采用同一色相的颜色进行装饰，不但可以让人们对建筑物的整体形成统一的印象，也可以在设施的不同区域内采用不同的颜色进行装饰。放置在医疗设施天井处的盆栽，也为医院增添了绿色的活力；工作人员在走廊等公共空间内装贴的多彩艺术作品，或用各种小挂件来点缀的走廊墙壁，也让公共空间充满了活泼和艺术的气息；病房内采用樱木制作的家具，也为室内增添了阵阵暖意。如上所述，对建筑物采用同一色相进行装饰，既可以保证建筑物的色相统一，也能让个别的空间突显颜色的个性，在同一色相的基础上，进行相应的色彩调配。设计师选择了白颜色和蓝颜色为基础的色调，以此为基础进行色彩调配容易让人产生冰冷的感觉。同样的颜色就是涂饰在直线和曲线上，产生的色彩效果也不一样，曲线上的颜色会让人感到色彩温度要高一些。颜色和形状相互影响着最终的色彩效果。

位于意大利米兰的乌玛尼达斯医院采用了白色和绿色作为基本的色相进行装饰（见本书第 117 页照片）。医院的外部采用浅咖啡色进行装饰，而内部的标识、窗框等部位则采用绿色进行装饰。由于白色和绿色对比鲜明，因而能营造出一种明快的氛围，创造出一种轻松的气氛。绿色给人一种柔和、平静的印象，是冷色调中最能让人感到值得信赖的一种颜色。

医疗福利设施不能仅仅只做到色相的统一，还要尽可能地保证其内部色调的基本统一。位于美国奥兰多的海尔斯桑特莱尔医院，采用了类似商业设施的灰色调的色彩调配方案（见本书第 108 页照片）。由于医院地处迪斯尼乐园的附近，而医院平

海尔斯桑特莱尔医院（美国）

急救医院灰色调的外部装饰

安装了霓虹灯指示牌的休息大厅

瓦伊马尔医院（德国）

在顶棚的附近装饰着指示标识

墙壁上的彩色艺术作品可以让人陶醉

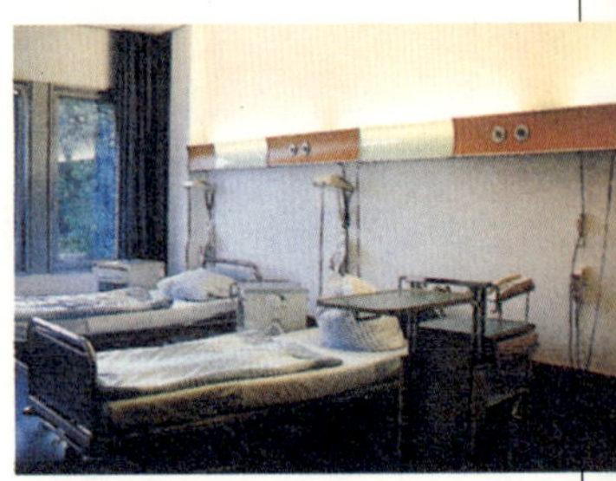

以白色和蓝色色调装饰的病房让人产生温馨的感觉

乌玛尼达斯医院（意大利）

绿色调的医院入口大厅和候诊大厅

浅咖啡色的外部装饰使人产生一种舒适的感觉

时只能用作急救医院而不适合病人长期居住，因此医院的外部和内部都遵循这样的原则进行装饰。摆放家具的地面和指示标识也采用了不同的装饰色调，也是为了便于人们区分清楚。

在室内装饰时，应当既要达到色相的统一，也要满足色调的统一。

丢弃传统的观念，建立新的色彩感觉

在设计师提交了色彩设计方案之后，就会听到："白色就如同冰冷的无机质"、"冰凉的蓝色"、"红的好似鲜血"、"调配绿色很困难"等一系列类似的话语。

如果单从颜色来分析色彩感情，则可以将颜色分成波长短的冷色调和波长长的暖色调。虽然蓝色让人联想到冰冷的温度，但是蓝色还代表着信赖、清洁、透明、爽快等多种的色彩表情。假如蓝色的色温让人感到不快，但是可以通过色彩调配的方案来解决存在的问题。实际上在我们日常生活的周围环境中，进入人们视野中的颜色多数是由两种以上的色彩调配而成的。现实社会中只是单颜色的空间是少之又少，更多是在色相平衡的基础上通过添加其他颜色，例如添加木质的黄颜色，改变了人们对原有的色温度的印象。

白色容易让人们联想到无机质材料。采用人们认可的颜色进行室内装饰，一般不会产生什么障碍。在医院内常采用白颜色进行室内装饰，的确会容易让人产生冰冷的印象。这是采用白色进行室内装饰让人产生不快的一类情形。如果安装了色温较高的荧光灯，但是其照明程度不高，也会让人心感不快。倘若是为了节约电费而造成了照明程度不高，白色的墙壁也会使人在心理上产生阴影。如果想要让白颜色装饰的环境产生温暖的效果，可以安装色温低的白炽灯就能达到目的。不论怎样，天井在阳光的映照下都会成为白色，任凭设计师采用何种设计形式，天井内的颜色都是白色 + 自然光。设计师只能采用色彩调配或调整照明设计的方式，改变人们对天井的色彩印象。

下面重点来讨论一下“红色”。一谈到红色，人们很自然地会联想到苹果、葡萄酒、热情、生命、危险等一系列的相关词汇。具体分析红色发现其色调很宽，有黑红色、紫红色、橘红色等一系列相关的红色色调。尽管人们成长的环境存在着差异，人们的认识也受不同地域和不同年龄等多种因素的影响；但是一看到“红色”一词的时候，大多数人的脑海里还是联想到对“血”或“火”的印象，而且红色还容易让人产生“炎热”、“华丽”的感觉。当您置身于医院看到了红色，不由自主地会想到这是“血的颜色”，因而也不自觉地会产生敬而远之的想法。由于从和医院相关的红色还能联想到“红十字”，因此在过去医院室内装饰时禁忌选用红色作为内装的颜色。

位于法国巴黎的乔治 · 蓬皮杜欧洲医院的病房地面全部为红色的装饰，或者是深红色。当作者从杂志中看到介绍这所医院装饰情况的时候，不由得感到吃惊。但是通过实地的考察，也就不难理解了为什么采用这样的装饰了。因为医院位于巴黎，透过医院的窗户看到的巴黎城到处是灰色调的街区，医院的病房地面采用红色进行装饰，会让人产生舒适、温暖的感觉，绝对不会联想到“血”等及其相关的一类事情。

随后作者参加了千叶大学中山茂树研究室对日本医院使用红色进行装饰的情况调查，发现位于群马县的原町日赤医院从大门到病房使用了大面积的红颜色进行室内装饰，该医院的墙

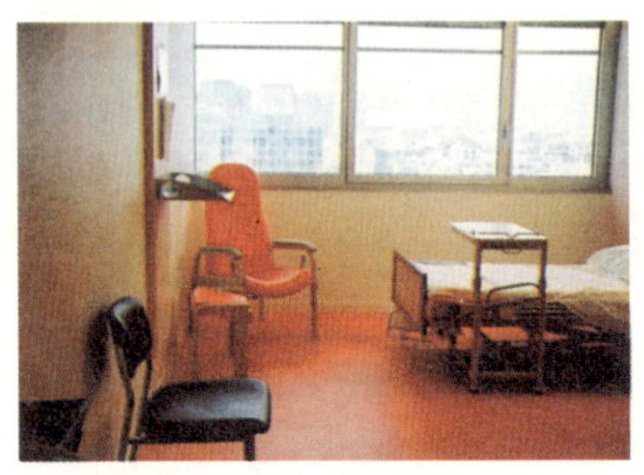

令人感到暖意的红颜色
（法国，乔治·蓬皮杜欧洲医院）

墙壁上的红色艺术装饰
（日本，原町日赤医院）

红墙上的艺术装饰和指示标识
（日本，原町日赤医院）

壁、窗框、家具等处都大胆地使用了红色。由于进行大面积的人员调查比较困难，所以作者只是就使用红色的问题对部分患者和医护人员进行调查，得到的结果非常有意思。最早院方担心采用大面积的红色进行内部装饰，会给人带来不必要的强烈刺激。但是通过调查发现并没有出现原先所担心的负面结果。很多就诊的患者对医院持整洁、美丽的印象，对医院使用红色进行装饰的状况难以忘记。在调查的过程中，尽管有少量的患者认为红色对人会产生强烈的刺激，担心会对身体产生不好的效果，但是却对病房内的颜色并没有十分深刻的印象。尽管刚开始感到有些不知所措的医院工作人员，但是最后很多人都对医院的红色内装持有良好的印象。令人遗憾的是由于没有专门对住院的患者进行调查，所以缺少红色的装饰对长期住院患者产生的影响数据资料，因而也不了解病房内的红色窗框会对长期住院治疗的患者产生什么样的影响。

原町日赤医院令人瞩目的大面积地使用了三原色进行室内装饰，窗户外面的田园景致、山野风光的绿色和医院建筑的红色、绿色装饰辉映在一起，堪称是一个经典的红色、绿色平衡的色彩调配方案。这个依照地域条件出台的色彩装饰方案，让人不由得暗自称绝。

从上面两个医院色彩设计的实例中可以看到，人们以往不用红色进行色彩装饰的理由在这里不复存在，当然在用红色进行装饰的时候要格外注意以下两点：

1. 在不规则的图形上用红色进行装饰，容易让人联想到血液的颜色

通过罗沙哈的墨迹测验可以知道，图板的颜色只有黑白两种颜色。但是随着墨水轨迹的移动，可以让人突然感到好似看到了红颜色一样，这时候被测人员的表情也会发生变化。被测人员通过自身的经历，相继联想到了火灾时熊熊燃烧的烈火、发生交通事故时伤者的鲜血，这些场面仿佛就在眼前一样。因此如采用红颜色进行装饰的时候，要避免在不规则的图形上使用。

有的外科医院走廊的顶棚上，醒目地安装着火灾报警器，地面上也画着魔术般的不规则的圆形。如果仅是为了提醒工作人员注意的话，那就没有必要使用红颜色，应当尽可能地避免让患者产生各种不快。

2. 患者长时间滞留的场所墙面应避免用红颜色进行装饰

生理学上将红颜色看成是容易引起人们血压上升的颜色。为了避免给高血压的患者带来负面影响，病区内患者长时间滞留的场所墙面应避免大面积采用红颜色进行装饰。

在选用红颜色进行装饰的时候，首先要确定形状，其次要确定面积，最后再确定需要装饰的场所。

不同的楼层采用不同颜色的装饰，是否对患者都能起到良好的效果？

由于患有认知功能障碍的患者经常忘记自己的房间和所居住的单元楼，因此曾经设想过将不同的楼层用不同的颜色进行装饰，以帮助认知功能障碍的患者记住自己居住的楼层和病房。这种设想的确可以提高医疗福利设施的工作人员的工作效率，但是其重要性还有待进一步商榷。

几年前，作者曾经有幸和瑞典的专门设计老龄福利设施的建筑大师欧贝先生探讨过此类问题。欧贝先生认为没有实证表明分楼层进行不同颜色的装饰会对患有认知功能障碍的患者起到一定的帮助，认为“这是一种没有意义的工作”。欧贝先生对分楼层用不同颜色进行装饰的想法持否定的态度，这对于满怀希望的作者来说真是迎头一击。作者长期研究色彩对人们产生的生理影响，也研究色彩对人产生的心理影响。作者仍坚持认为如果建筑单元具有鲜明的特点，不同楼层采用不同的颜色进行装饰，的确会对患有认知功能障碍的病人产生明显的效果。后来作者考察了瑞典的相应福利设施之后，也理解了欧贝先生为什么持否定的观点。这是因为这些福利设施采用了极端的分色方式，使得不同的建筑单元出现了明显的环境差异，使入住人员的不适应性大为增加。

作者考察了很多老龄福利设施，绝大多数的入住人员都将设施看成是“自己的家”，相应的建筑单元也采用了不同的颜色装饰。整个建筑在统一的色调基础上，立柱、大门、家具、窗帘等处都采用各自特点的软色调进行装饰，使设施内的各建筑单元的氛围发生了变化，但不会让人对整体温馨的空间环境的印象发生改变。

有所福利设施的建筑面积很大，其外形如同苜蓿一样张开了四片叶子，为了避免入住的患者和工作人员弄错方位，不同的建筑单元采用了不同的颜色进行装饰。为了便于识别四个建筑单元，分别采用了红、黄、绿、蓝四种颜色，作为四个建筑单元进行内部装饰的基础色调。由于设施的墙壁和大门都采用了单色涂饰，给入住人员以强烈的颜色刺激，使得入住人员产生“自己的家是黄颜色”的色彩意识。但是再仔细观察入住人员的具体表情，不全是满意的表情。如果长时间给入住人员以强烈的颜色刺激，也容易让他们产生色彩疲劳的感觉。采用极端的颜色来区分不同的建筑单元，也会使不同的建筑单元产生色彩的温度差。相关的工作人员已经在抱怨：“别人总是在红色、黄色的温暖区域里工作，而我们总是要呆在这蓝色的寒冷区域里工作”。工作人员的这种心态也会在很大程度上对入住患者的心理上产生影响。相对于日照时间很短的北欧冬季而言，在蓝色区域里工作的人员确实是无奈的事情。

有一所医院也出现了类似上述的情况。位于意大利科莫湖畔的阿莱桑德罗 · 曼泽尼医院，其周围环境景色宜人，是一所拥有 900 张床位的大医院，在当地起着急救、治疗的重要作用。这所地处要塞的医院采用天然石材进行外部装饰，而医院的内部装饰则彰显简朴的风格。

惹人注目的是该医院不同楼层采用了不同颜色进行装饰。该建筑以白色和灰色作为统一的基础色调，从地下一层到地上五层分别选用黄、白、黑、红、绿、蓝等色彩进行装饰，其大门、扶手、指示标识等处也用不同的颜色进行装饰。为了让色彩在人们的记忆中留下深刻的印象，选用了体现意大利装饰风格的

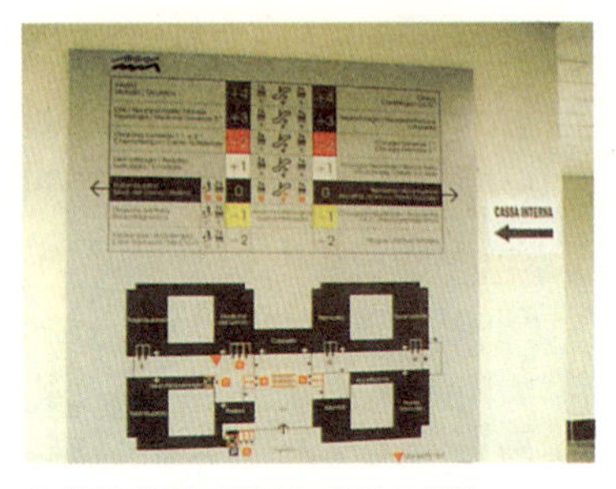

各楼层采用不同的色彩进行装饰
（意大利，阿莱桑德罗·曼泽尼医院）

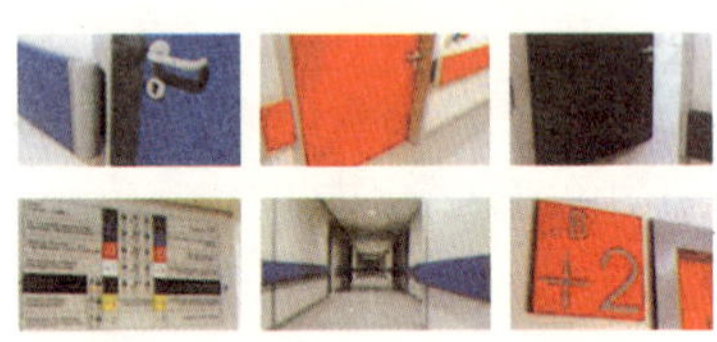

不同的区域采用不同的色彩装饰
（意大利，阿莱桑德罗·曼泽尼医院）

各种单色色彩，这些色彩能够加深人们的色彩印象。设施里的大多数工作人员认为如果过分重视色彩的识别效果，可能会造成各楼层的空间色彩差异极大，容易让患者不能适应这种居住环境。为了方便患者识别不同的建筑单元，可以采用数字标识以标清不同的楼层和房间号码。很多人直接记住三层楼的记忆效果远比记住绿色的楼层效果好。

如果用不同的颜色来区分不同的楼层和不同的建筑单元，有可能会产生负面的效果，不如让患者直接记住楼层和建筑单元的显著特征，这样的效果会更好，能让人留下深刻的印象。在对医疗福利设施进行室内装饰的时候，始终要将设施的可居住性作为入住人员和工作人员首先需要考虑的问题，尽量避免采用极端分色的方式进行室内装饰的方案。

为了便于人们辨清方位，可以在建筑单元的入口处安装醒目的不同颜色的指示标识，在设施内部采用人们熟悉并且习惯的色彩进行室内装饰。设施的色彩装饰设计方案应当选用充满生机的色彩，以起到鼓舞人们士气的效果。

采用具有当地风情的色彩进行室内装饰

欧洲不同城市的街区，既体现了不同地域的风貌特点，又体现了整体建筑风格的统一性。例如摩纳哥公国的城市街区，其饭店、宾馆、住宅、写字楼等建筑物的外墙墙面颜色，均采用接近于当地土壤颜色的土黄色。从法国马赛到意大利海岸沿线的建筑物随着当地的风土的变化，使得建筑物的外墙墙面也发生有趣的变化，在其土黄色的外墙颜色当中逐渐增添红色的色调，使得建筑物外墙墙壁的颜色也随之发生改变。当地的建筑物遵循相关的规定，保持统一的色调，使得古老的街区风貌留存至今。

意大利的博洛尼亚市也有类似的规定，城市的中心街区以土红色、芥末色为主色调，不允许采用其他的色彩对建筑物的外墙进行装饰。法国的色彩画家菲利普·兰克洛夫通过对欧洲各地的土壤取样，并经过长期的研究，得出了不同街区的颜色和当地的土壤有着密切联系的结论。

日本也有符合日本风情的特定色彩。由于地域的不同，如同语言存在着差异一样，不同城市的街区也体现着具有当地特色的色彩。但是令人遗憾的是，在日本人很难寻找到类似欧洲那样整个街区都被赋予当地色彩的颜色所覆盖的城市。

日本开展保护传统街区工作的历史并不长，一些有特点的

用不同颜色的“茶”、“樱花”的图案标识来指示东西不同的病区（日本，静冈癌症中心）

采用具有当地风情特点的颜色进行室内装饰（日本，静冈癌症中心）

传统建筑已经被列入到了保护的名单之中，但是由于这些黑瓦、白壁、木色的传统建筑大多是孤立的建筑物，还不能形成连片的街区。在日本的有田、远野、上田等地保护传统建筑的工作开展得比较深入，已经能依稀看到其街区昔日的影子，也使得人们重新认识其潜在的历史价值。日本的其他地区尽管也有黑瓦、白壁、木色的一类建筑，但是与日本的传统建筑风格相比仍相差很多，要想保持其街区传统的风貌还有很多工作要做。

设计师应当根据不同的地域情况，选择人们熟悉的颜色作为街区的统一色调。设计师要努力寻找深深扎根于各自地域之中的代表色调，借鉴当地的土壤颜色、常见的植物颜色或土特产品的颜色，作为装饰设计时的基准色调。如果福利设施的内部采用当地人们熟悉的色彩进行装饰，可以让到访的群众产生一种亲切而安心的感觉。也可以让入住在医疗福利设施的患者经常保持一种放松的心态，以利于疾病的治疗和身体的康复。对于患有认知功能障碍的病人而言，看到和其生长环境相同的色彩空间，有利于唤起患者的记忆和疾病的治疗，作者期待着采用这样的色彩设计方案所产生的良好治疗效果。

尽管日本传统的颜色和显示各地风情的色彩大都是彩色度比较低的色彩，如果使用这样的色彩作为装饰的基准色调会让人产生一种灰暗的印象。但是还要积极推进选用符合地域风情的颜色作为基准色调的工作，如果采用这样的颜色和白色的墙壁对比鲜明，当视觉感觉明亮度不高的时候，可以通过调整灯光的照明设计来弥补。

日本静冈县的癌症中心采用“茶”、“樱花”的图案作为设施内的指示标识，南砺中央医院的病房采用了木材的颜色作为装饰的基本色调。建筑物采用反映当地风情的颜色作为其内部装饰的基本色彩，展现其和谐的建筑风格。

选用天然的木材，建设良好的居住环境

福利设施最好选用天然材料，建设良好的居住空间。很多日本的医疗福利设施都采用天然材料进行室内装饰，地面和木墙裙为木本色，手工制造的家具也呈木本色，墙壁上粘贴着米色的壁纸。在日本的住宅建筑中到处可以看到我们熟悉的木材身影，用木材装饰的环境可以让人产生放松的感觉。木材所具有的木纹、质感、芳香、光泽等特点，是其他材料完全不能替代的。

木材具有吸湿性和吸声性的特性，由于人们看到木材制作的物品心理上就会产生一种舒心的感觉，因此有人提出医疗福利设施要尽可能选用木材进行室内装饰。但是用木材所营造的温馨生活空间，也会因为个人的差异而产生不同的认同感。

尽管都是使用同样天然材料装饰的室内空间，也会因为没有特色而出现平庸的作品。如果要彰显个性化的装饰空间，一定要有设计独到的家具，墙壁和架子上装饰着各种挂件。例如在空间狭窄的病房里，病床的壁板上张贴着装饰艺术作品，床对面的墙壁上安装着可以悬挂艺术品的挂钩，从病房内的布置就可以看出设施的管理者和工作人员对患者的关心程度。

设计师已经将医疗福利设施病房的装饰设计成了“生机勃勃的生活空间”，如果在竣工之后再出现什么问题的话，那多数是设施的管理者在运营管理过程中出现了问题。

日本的医疗福利设施为了给患者创造良好的居住环境，全国各处的设施几乎都用木材作为主要的装饰材料。但是当装饰工程竣工之后，产生的效果却有着很大的区别。由于不同地域

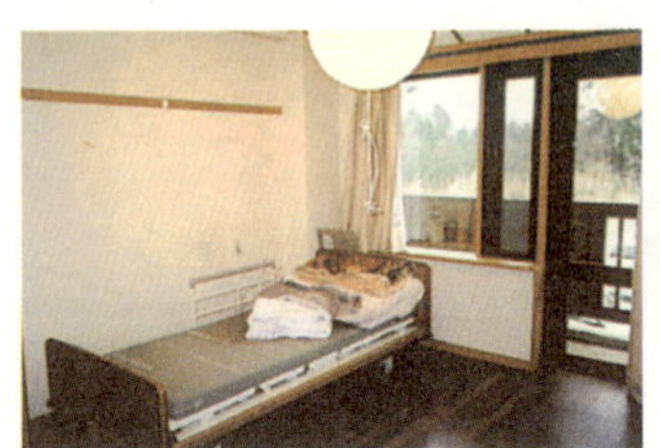

使用天然材料装饰的居室空间
（日本，风之村）

以木材装饰的公共空间，使入住者产生一种温馨的安全感（日本，风之村）

以木材作为主要材料装饰的居室空间（丹麦，卡尔·布洛克斯格扎·布拉伊保利福利设施）

的管理人员对美的感觉认识并不一样，因此造成室内的装饰布局和艺术布局上存在着较大的差异。

居室和病房本来需按照入住者的兴趣爱好进行装饰，但是除了部分的老人之外，大多数的老年人并不擅长对房间的装饰布置。

日本在室内装饰领域和欧美国家存在着较大的差距，日本应当学习欧美国家室内装饰的先进经验。如果对有限的空间进行必要的装饰，也不能就看成建成了舒适的生活环境。医疗福利设施的工作人员需要和入住人员的倾心交谈，了解他们对家具、窗帘、饰布的色彩需求，只有通过设施管理人员和患者的共同努力，才能营造出一个令人满意的生活空间。

平衡的感觉非常重要

自然界由多彩的色彩构成了彩虹。在晴朗的天空下，满山的红叶已经盛开。潜入南部的海底，碧蓝的海水中矗立着珊瑚礁和游动的热带鱼。自然界赋予人类多彩的颜色，身体健全的普通人只要步入到大自然中，就能欣赏到五颜六色的自然景致。而部分老龄人士和残疾人士由于活动范围的限制，其生活环境只能局限在卧室和起居室。设计师可以为这些老龄人士和残疾人士在居室内营造出带有彩虹的生活空间，为他们的生活增添自然界的多彩风光。

公共空间内的三种色调基本平衡
（美国，桑莱丝·阿希斯特德生活中心）

设计师需要保证房间的色相基本平衡，人们不喜欢居住在单一色相的空间里。如果有人喜爱蓝色，并且其居住房间内的顶棚、墙壁、地面全部采用蓝颜色的色彩装饰，也会让居住在其中的人员产生厌倦的情绪。黄颜色的空间有利于老人们身体康复，但是如果老人长时间置身于这样的环境之中，

走廊内对比鲜明的色彩，给诊疗部的走廊带来了一种清新的感觉（英国，艾金芭拉医院）

也会产生疲劳的感觉。

光线原本是无色的，但是光线在发生折射后，就有可能出现彩虹一样的多种色彩。彩虹是在光线出现了分光现象之后，人们才能看到的光学现象。按照这种分光的理论，人们可以采用混色的方式进行二色配色、三色配色，创造多彩的室内空间。在人们进行色彩调配的时候，要遵循色彩平衡的原则，这种方式也被称为是“平衡相当”。

人类在日常活动中追求各种平衡状态。如果在明亮的场所内滞留时间过长，则容易引起身体的疲劳，那么可以采用将其房间里的光线变暗的方式进行调整。人们需要一定的光线刺激，但是过于强烈的光线刺激容易引起人身体的疲劳。在身体活动不自由的人生活的空间内，要特别注意色相的平衡、色彩面积的平衡，要实现“平衡相当”的状态（见本书第 121 页照片）。

设计师在进行室内装饰设计的时候，要追求色相的基本平衡，要关注蓝和黄、红和绿等颜色的平衡度。人们需要研讨室内装饰空间内的色彩所具有的主要作用和次要作用，需要研究色彩可能激发出来的人的潜能。哥特在其《色彩论》一书中认为：黄色是一种具有激发人的潜能的颜色。为了避免造成强烈的颜色刺激，装饰空间内尽量避免使用黄色，可以采用淡颜色的米色色调作为大面积涂饰的基础色调。

如果居室和病房采用天然的木材作为主要的装饰材料，也容易使居住人员张扬其个性，可能会降低居室和病房的可居住性。要想创造快乐的生活环境，需要设计师、设施的管理人员、入住者等多方的携手努力。缺少色彩的知识的人也可以创造快乐的生活空间。

通过不同的颜色设计，预防院内的交叉感染

良好的色彩设计方案，可以预防医疗福利设施内的交叉感染。医院内发生交叉感染的途径可以分为接触感染、飞沫感染、空气感染等多种形式，通过采用色彩分区的方式将清洁区和污染区分离开来，对院内的交叉感染可以起到有效的预防作用。

如果医院不同的区域采用不同的色彩进行装饰，则可以减少工作人员和患者在医院相关区域里的交互活动，从而避免发生可能的交叉感染。采用不同的颜色将医院的门诊区、住院区、手术区、ICU 等部门加以区分开来，有利于不同人员将活动区控制在相应的区域内。医院的指示标识也应采用相应的不同颜色，不同区域的地面和墙壁也通过采用不同的颜色进行装饰，有利于相关人员及时辨别自己应该活动的区域。

尽管采用色彩分区的方式将清洁区域和非清洁区域分离开来，但是相关的工作人员也还要提高自我保护的意识，注意勤洗手、戴口罩、穿工作服。传染病诊室所在的区域地面需要用鲜明的颜色进行涂饰，凡是经过该区域的工作人员应当养成穿工作服、戴口罩、勤洗手的习惯。传染病诊室所在的区域的洗手池和其他区域的洗手池应有鲜明的色彩对比，使人们加强进出该区域就要洗手的意识。各病区产生的血液、呕吐物、排泄物等污染物必须经过消毒之后再进行处理。医院尽量采用易清洗的亚麻布、防污染的壁纸、可以随时卷曲的地板革等装饰材料，便于及时清扫和清洗。室内的材料不论采用的是暖色调还是冷色调，只要色彩鲜明都可以选作装饰材料。为了使污渍和血渍的痕迹一目了然，应尽可能地采用绿色的装饰材料。

手术室的地面要采用色彩鲜明的材料进行装饰。很多医院铺

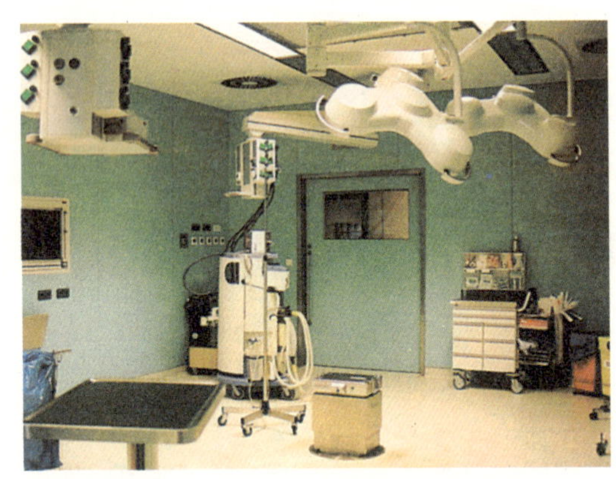

进入到蓝绿色彩的手术室内，工作人员仍然需要保持很高的清洁意识（德国，杰潘达瓦医院）

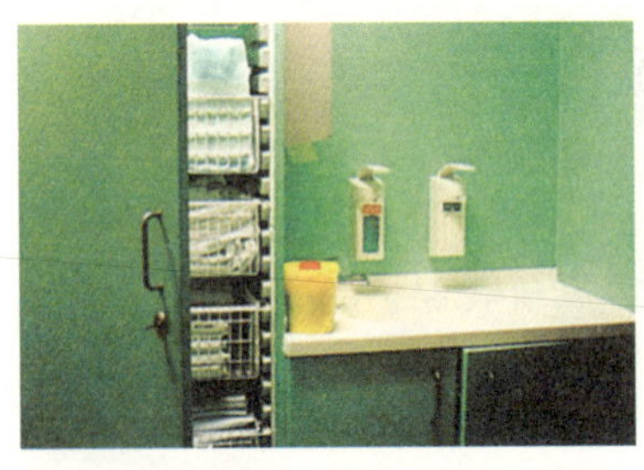

进出房间的时候，要养成随时洗手的好习惯（德国，杰潘达瓦医院）

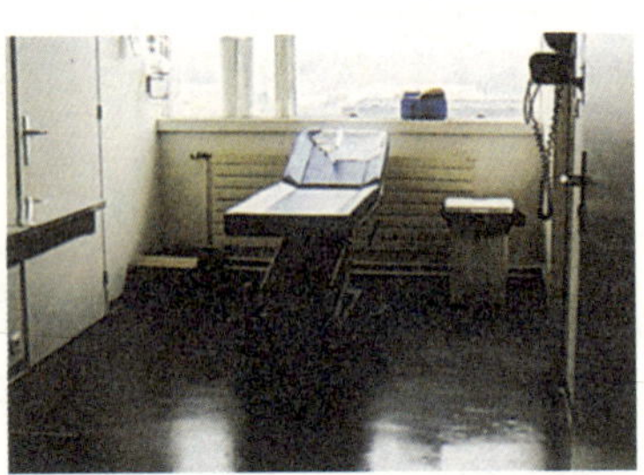

铺设的地面，要使地面上的污渍和血渍的痕迹一目了然（德国，杰潘达瓦医院）

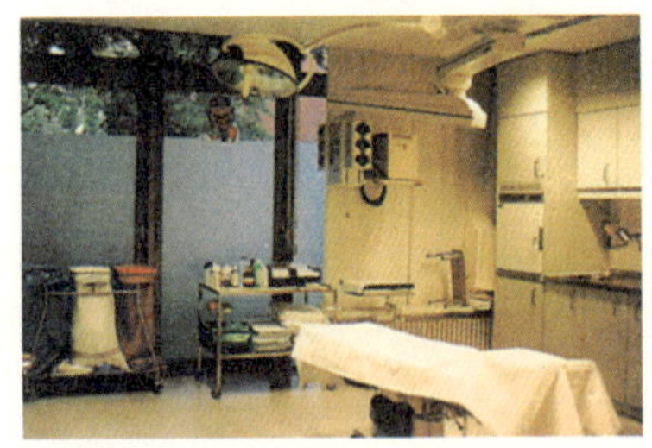

安装有窗户的急救处置室（德国，杰潘达瓦医院）

不同颜色的垃圾箱用来存放不同类型的垃圾（德国，杰潘达瓦医院）

设了黑色装饰材料的地面，这样可以防止用消毒液清洗地面的时候出现变色的现象。如果地面很少沾染血渍，就不必担心血渍的痕迹给人们心理上带来的负面影响。如果工作人员凝视污渍30秒左右，眼睛很自然地就会感到疲劳。尽管笔者建议手术室选用淡绿色的色彩作为装饰的基础色调，以达到放松的目的。但凡是进入清洁区域的工作人员仍然需要保持一种紧张的心态,避免出现交叉感染的现象。

手术当天就可以出院的门诊手术室和急救处置室，患者进入房间后主要先进行麻醉处理。为了消除患者产生的紧张情绪，作者建议室内装饰的颜色采用暖色调，也可以在房间里设置窗户。

彩色的环形 CT 设备有利于减轻孩子们的恐惧情绪（日本，国立培育医疗中心）

孩子们可以用手触摸墙壁上的艺术作品（日本，国立培育医疗中心）

能让家长和孩子们情绪安定的休息空间（美国，奥库斯纳儿童诊所）

孩子们喜欢单色调的颜色

日本国立培育医疗中心是一所为消除孩子们心中

“到医院看病是非常可怕的事情”的印象而建设的医院，该中心营造了多彩的治愈环境，从细微之处体现了社会对孩子们的关爱和照顾。医院内部设置了多彩的家具、环形的医疗器械、轻便的电瓶车等让孩子们容易接受的设备，医院的顶棚上还装饰了各种艺术画。总之，医院以孩子们为中心展开各项工作。医院的内部空间装饰无不体现了孩子们的特点，现在日本国立培育医疗中心已经成为日本各类儿童医院建设和发展的范本。日本各地现在依次建设了很多儿童医院，不同年龄的孩子们都可以到当地的儿童医院就诊看病。

这是令孩子们心情放松的装饰环境。不夸张地说，孩子们置身于这样的环境与其家庭的环境相差并不大。活泼好动是孩子们的天性，他们希望能和大人们一样有一个放松的活动环境。在家里，如果母亲的情绪紧张必然会让孩子们的情绪随之发生变化，孩子们从婴幼儿时期就培养出来了超出寻常的察言观色的能力。孩子们入住的病区，最好选用天然色彩突出的装饰材料，再调配上温馨的色彩，营造出暖色调的居住空间。采用天然的材料和温馨的色调进行室内装饰，有利于调整长期住院的孩子们及其家长的心态，便于发挥孩子们天才的创造性。

医院的大门对不同的人会产生不同的感受。对于成年人来说医院是人们尽可能不去光顾的场所，因此医院需要采取措施使得孩子们从心理上能够接受医院。因为对于儿童们来说，特别喜欢色彩鲜艳的颜色。所以需要在儿童们活动的空间内，采用多彩鲜艳的色彩调配方案。从婴幼儿至 10 岁左右的儿童都非常喜欢色彩鲜艳的单颜色，但是 10 岁以上的孩子们逐渐喜欢多彩的颜色。医院在进行室内装饰的时候要充分考虑孩子们的特点，医院内的顶棚、墙壁、地面、家具、指示标识、艺术作品、游乐器械等物品尽可能地采用多彩的颜色。如果对每一个物品进行专门的色彩设计，就会形成色彩的视觉盛宴，容易造成孩子们的视觉疲劳。医院的内部装饰需要确定统一的基础色调，在此基础上做到重点色彩和统一色调的平衡，采取简洁的方式，突出艺术作品和游乐器械的颜色，营造出令孩子们满意的色彩空间。如果孩子们在候诊大厅内等待就诊的时间过长，可以在就诊大厅的一角开设供孩子们娱乐的场所，娱乐场所的地面可以铺设地毯，让孩子们赤足在上面放松地嬉戏。如果可能的话，还可以在孩子们的娱乐场所内放置价格低廉的用布缝制的玩具，墙面上装贴上用烧结材料制作的孩子们创作的作品。医院应当成立能让广大患儿参加的创作研究会，随时在墙壁上粘贴孩子最新创作的作品，让孩子们对医院始终保持满怀希望的心情。

使用的色彩刺激着五大感觉器官

很多患者在入院治疗的时候，几乎同时患有身体和心理上的疾病，医院的内部装饰应当能对患者的五大感官产生必要的刺激。室内装饰对五大感官的刺激效果不尽相同，装饰的色彩会对视觉产生积极的刺激，装饰的环境也会对听觉、味觉产生一定的影响。

1. 淡紫色的薰衣草，其散发的香气对人有很好的镇定效果

生理学上的实例已经证明，薰衣草散发出来的花香味道可以使人的精神放松，对人能起到很好的镇定效果。在英国已经有医院利用薰衣草的淡紫色，对患者进行一定的心理暗示，已经取得了良好的治疗效果。在这所医院的内部设置了一个宁静的休息场所，其地面采用蓝色调的淡紫色色彩进行装饰；还设置了一个供患者进行祈祷的场所，其室内以紫红色调为主，地

用紫红色调装饰的祈祷场所，人们在这里可以进行虔诚的祈祷（英国，霍斯比斯·英·扎·贝尔德福利设施）

用蓝色调装饰的休息场所，地面和家具均呈淡紫色（英国，撒·玛伊凯尔·舍贝尔建筑设施）

用仿佛传递着土壤温度的陶制材料装饰的房间一角（英国，库赖斯格·霍迈帕西科医院）

庭院内种植着有镇定效果的薰衣草，建筑物为红砖的砌筑结构（英国，撒·玛伊凯尔·舍贝尔建筑设施）

柔和的阳光照射在做工精湛的墙壁木饰上（美国，奥库斯纳·医学中心）

可以直接表达自身见解的谈话空间（英国，艾金芭拉医院）

面为淡紫色的装饰。设置的这两个场所的主要目的，主要是让患者有一个心灵慰藉的场地（见本书第136页右中图）。如果在庭院内种植着薰衣草，其散发的香气可以飘进病房，有利于镇定患者的情绪。如果采用淡紫色的材料进行内部装饰，期望对患者也能产生类似的心理暗示效果。今后日本的医疗福利设施越来越多地希望建设类似的供患者心灵慰藉的场所，采用适当色彩的材料装饰这个场所，对患者的五大感官实施必要的刺激，以期望能产生良好的治疗和心理暗示效果。

2. 看到多彩的装饰，仿佛触摸到了自然界的真实景物一样

要想以其他的色彩置换木材色和土壤色所产生的温暖感觉，不是件能容易做到的事情。如果将其他色彩和这些材料所具有的色彩一同进行色彩调配，就能起到事半功倍的效果。英国有所采用顺势疗法的专门医院，就采用了如上所述的色彩调配方案。这种被称之为“homoeopathy”疗法可以直译成“替代疗法”或“顺势疗法”，尽管翻译的不是非常贴切，但是这种疗法的中心思想就是利用所装饰的空间环境最大限度地发挥患者自身的治愈能力。医疗福利设施在进行内部装饰的时候，应尽可能地多使用木材、藤材等天然材料，色彩选用以陶土色和淡淡的石材色为主色调，营造能让患者触摸时感觉柔软的空间环境。设计师应从点滴之处精心设计，让患者感到自己被柔和的空气所包围，整个装饰空间都在发挥着顺势疗法的治疗效果。

3. 有韵律节奏的色彩

明亮的色彩就好像笛子奏出的高音部音域的音调，而灰暗的色彩则如同从低音提琴或大提琴奏出的深沉音色。由于颜色就如同声音一样，声音有音调的高低之分，而色彩则有不同的色调之别，因此色彩如声音一样带有韵律节奏。医疗福利设施

如果改变其内部的色彩装饰，就相当于改变了其色彩的韵律节奏。设施的色彩设计方案一经确定，不要轻易地去进行变更和改变，只需做局部的调整。设计师在室内装饰设计的时候，一般在室内较低的位置上选用黑色装饰，可以让地面和放置在其上的家具有一种稳定的感觉。形成鲜明对比的是被阳光照射的墙壁则多采用白色的装饰，为了避免墙面的颜色过于单调，可以在墙上装贴彩色的艺术作品。多彩的装饰可以使空间环境的韵律节奏发生改变，患者原来忐忑不安心情也会变得豁然开朗起来。

色彩引起的视觉刺激和听觉、味觉、触觉、嗅觉相互作用，使五大感官彼此既相互制约又相互协调，使色彩充分发挥其一定的治疗作用。不同类型的医院、不同疾病的治疗场所对色彩的要求也不尽相同，只要遵循色彩设计的规律，相信色彩一定会帮助发挥更大的治疗效果。

一个人寂静独处

欧美的医疗福利设施有一点和日本大不一样，其设施的内部都设置了患者可以祈祷的场所（见本书的第 136 页照片）。日本除了部分具有宗教色彩的医院之外，一般都不专门设置供患者祈祷的场所。尽管日本的佛教非常普及，但也只是在举行葬礼的时候采用佛教的仪轨。虽然宗教

和自然成为一体的治疗空间
（英国，撒·玛伊凯尔·舍贝尔建筑设施）

和人们的生活紧密联系在一起，但是让现代的日本人在日常的生活中进行所谓的祷告行动，在很多日本人的潜意识当中还被看成是非常不好意思的事情。

当人们患病之后，最希望的是尽快治好疾病，身体得到康复。当患者离开繁忙的外界社会，长时间一个人孤立地居住在医院内，身边没有家属和自己熟悉的朋友，没有了可以交心的对话伙伴，会感到十分的孤独。一个人独处的时候既会静静地思考，也可能会暗自哭泣。如果医院内设置能鼓励患者增强生存信心的场所，则对患者的疾病治疗必定会产生积极的效果，但是目前在日本的很多医院里还找不到类似的场所。

笔者建议医院应建设类似英国的那种和自然构成一体的治疗空间，虽然有人将这种治疗空间看成是基督教的教堂，但是实际这和宗教没有一点关系。尽管利用医疗福利设施建筑的一部分，建设这种治疗空间不是什么困难的事情；但是由于笔者的提议过晚，设计师已经完成的装饰设计方案，并提出了在面积、预算等问题上存在的种种理由，使作者的设想没能实现。不论将这种治疗空间命名为“冥想之地”、“治愈之所”还是“日照空间”，建设这种治疗空间的意义远远大于采用何种的色彩设计方案。

各种标识的设计

医院内设置的各种指示标识是为了指引到医院就诊的患者能顺利地抵达其想要到达的目的地。如果患者步入医院的大门就可以看到各种就诊的指示标识，而且还有类似宾馆大厅服务台的工作人员。当患者因病情怀着不安的心情时自我嘟囔：“今天可怎么办呢？”的时候，工作人员上前耐心地去解答患者提出的问题，指导患者顺利就诊，那么人们对医院印象就会发生很大的改变。医院应该本着以患者为本的原则，制定相应的政策，让全体医护人员都建立患者第一的意识，使患者顺利地实现治疗疾病的目的。

以真诚之心设计指示标识

要让患者感到医院有和宾馆一样的居住环境，不能仅靠舒适的室内装饰环境和对患者的悦耳称呼。医院的工作人员如果没有为患者热诚服务的精神，就不能实现建设一流的医疗环境的目的。要实现这种“服务”精神，不是为了得到患者的表扬而努力工作，而是以真诚的待客之心为患者服务。那位患者究竟在想什么？那位患者现在是什么样的心情？工作人员需要有这样的“真诚之心”对待患者。如果只是将每位患者都带到需要就诊的场所，而医院没有足够的能力来完成这项工作，医院也就没有必要发挥指示标识的作用了。

医疗福利设施内的指示标识可以分成以下几种类型：

1. 总体的指示标识：包括医院的管理理念、各部门的负责人。

2. 各层的指示标识：包括各部门在各楼层的分布信息。

3. 本层的指示标识：包括本层的平面布置图，含卫生间的位置、所在地的位置等。

4. 指示的标识：安装在墙壁上或从顶棚上垂吊下来指向目的地的箭头标识。

5. 问询的标识：包括问询处、服务台等。

6. 房间的标识：包括不同的就诊室、X 射线透视室等。

7. 楼层的标识：包括标明所处的楼层，安装在电梯间的外墙墙面等。

8. 图像的标识：包括卫生间、电梯间等，用绘制的图像作指示标识。

首次到医院就诊的患者，一定会先到服务台询问就诊的相关事宜，然后再按照工作人员指示的方位，去相关的候诊室候诊。在去候诊室的路途中，患者可以借助楼层平面图标明的方向，找到相关候诊室的准确位置。当然建筑师首先要将医院的设施建筑设计成简洁明了的建筑构造，这样便于工作人员用通俗的语言去解释清楚相应科室的具体位置。医院除了需要安装各类指示标识之外，还要在其他的场所放置标志性物体、艺术作品、照明器具等装饰物品，这些物品的形状和颜色应成为服务人员口中的指示标志。设计师在进行标识设计的时候，需要认真考虑标识的数量、设置的场所等一系列相关问题，还要兼顾室内装饰和标识可视性的相互协调问题。

不同颜色的标识便于患者找到所去的方位

不论楼层平面图上标示的各种位置是多么地清楚，但是由于医院内部空间很大，还是容易造成患者迷失方位，从而使患者产生不安的情绪。对于有众多诊疗科室的大型医疗设施来说，设置不同颜色的标识有利于指引患者顺利找到自己想去的科室位置。作者建议采用分区规划的方式，统筹设计不同颜色的标识。例如在 1 号楼采用橘黄色的标识，在 2 号楼采用蓝色的标识，在 3 号楼则采用绿色的标识。如果某栋建筑是一幢左右完全对称的布局结构，可能会为患者确认科室的位置增加了难度。设计师可以考虑根据建筑物的东西布局的实际情况，按照不同的病区或不同的科室采用不同的色彩进行装饰。采用这样的装饰方法，不论对患者还是对工作人员，都能产生很好的效果。

不同的楼层、不同的科室、不同功能区采用不同的色彩进行装饰，有利于人们识别不同的方位，找到相应想去的位置。但是一个大型的综合医院不仅有内科、小儿科、妇产科、整形外科、放射科等众多的功能科室，还有手术部门、化验部门、管理部门等相关部门。如果采用不同的颜色将这些部门科室区分开来，就需要选用很多的颜色，从而会有相近的色彩的出现，达不到区分不同区域的目的。当患者按照工作人员所讲的“沿着绿色箭头的方向”往前走的时候，看到标识牌上既有蓝绿色的指示箭头也有黄绿色的指示箭头的时候，患者就会被弄得理不清头绪了。倘若采用不同的颜色区分不同的功能区，为了便于人们分辨清楚，所采用的色彩最多不能超过六种。

位于法国巴黎的曼特 · 莱 · 杰里医院，经常变换楼层和诊疗科室的指示标识和房间标识的颜色。采用这样一种方式，使人们增添了不断发生变化的新鲜感。但是也会让人心生疑惑，怀疑是不是进行了相应的科室调整。只有当房间的用途发生变更的时候，才会对指示标识进行调整；如果房间的使用功能没有发生任何变化，一般人们不会改变指示标识（包括标识上的颜色）。由于标识的主要用途是帮助患者顺利地找到其想要去的目的地，所以应在此前提下再考虑灵活性一类的问题。对于小型的医疗设施，作者建议采用一种颜色的文字或数字的指示标识，就能起到指引的效果。

除了颜色可以帮助人们找到相应的位置，数字、罗马字母的标识也能发挥指引的作用。例如可以用数字、罗马字母来划分不同的区域。归属于地方的医疗设施机构，由于经常接待当地的老龄人士和孩子们就诊看病，如果采用罗马字母的指示标识，孩子们可能不会 A、B、C 等字母的发音，而有的老年人则连一点英语也不会，所以看到这样的标识也就很自然地会产生畏难的情绪。

要想知道自己现在所处的楼层，采用安装数字标识的效果最好。如前所述，尽管采用不同的色彩区分不同的楼层，但是色彩一般只能起到辅助的作用，没有数字标识那样让人产生深刻的印象。很多设施通常在楼梯口和电梯间外面的大厅里安装数字标识，便于人们了解自己现在所处的楼层。

各个楼层平面还可以采用横纵坐标的方式进行分区，纵向则可分成 A、B、C 等区段，横向可以分成 1、2、3、4 等区段。假如患者通过平面图了解到其想去的位置处在 A3 区域，也就能很容易地找到其要去的目的地。楼层的平面图上还应标明平面图所处的位置和图中的南北方向，便于患者能准确地确定自己的方位，找到自己想去的目的地。平面图和图版底色要有明显的色彩反差，这样才能使平面图更为醒目，为患者提供其所需要的相关信息。

要统筹兼顾标识的可视性和设计性问题

设计师需要认真思考指示标识采用何种颜色的问题。

如果安装的指示标识可视效果不好，就不能发挥其指引的作用。设计师既要考虑标识的可视作用，又要兼顾室内装饰的整体效果，的确不是一件十分容易的工作。

采用正确的色彩调配方案可以提高标识的可视性，例如采用黑底黄字的指示标识。一般在和轻轨交汇的路口处，都设置了黑底黄字的指示标识。由于医院不同于交叉路口，不必采用给人以强烈刺激的标识设计方式，只要设计出来的指示标识能够吸引人们的注意力，就是起到了其应有的作用。

另一种提高标识可视性的方法是采用色彩鲜明的颜色。广告画以其鲜明的色彩吸引人们的注意力，人们从很远的地方就能看到广告。为了提高指示标识的可视性，下面作者还会给读者介绍几种其他常见的做法。

红色基调的广告会对周围的景观效果产生负面的影响，因此日本的很多城市都有规定限制制作红色基调的广告画，这种大面积的红色基调的广告画会降低其周围环境的舒适效果。对于患病的患者而言，长时间滞留在对视觉有强烈刺激的空间内，容易引起视觉上和身体上的疲劳。就是对于身体健康的人而言，长时间滞留在多彩的游乐园或商业设施里也会感到身体上的疲劳。

由于患者滞留在走廊和楼梯的时间很短，因此大面积的、强烈的色彩刺激所造成的负面影响有限。而在患者长时间滞留的治疗室和病区里，最好还是采用小面积的指示标识，作者建议采用灰色调和其他色彩进行搭配，设置色彩对比强烈而简洁明了的指示标识，营造出用独特指示标识装饰的时尚空间。

关于通用标识的设计

1. 指示标识的颜色要有明显的色度差

设计师在进行通用标识设计的时候，应当做到图像和背底的色彩要有明显的色度差。今天的日本已经步入到老龄化社会，设计师在设计指示标识的时候要充分考虑到随着老人们的年龄不断增加，其视觉效果也在发生变化。应当避免出现灰底黄色和黑底蓝色等色差不明显的标识设计。

老龄人士随着年龄的增长,其眼睛的晶状体会逐渐出现混浊，视力在不断衰退。令人遗憾的是在日本的地铁车站里仍然出现灰底黄色和黑底蓝色一类的色彩搭配设计，医院和其他公共设施应当坚决杜绝采用此类色差不明显的色彩搭配设计。不仅对视觉存在色彩障碍的人士需要考虑采用鲜明的色彩对比设计方案，就是对普通人也要采用这样的设计方案。对大多数的人而言，黑底白字或白底黑字能产生很好的可视效果。如果医疗福利设施的内部整体照明程度都很高，会使人不容易辨清标识的底色与字体的颜色，从而降低了指示标识的可视效果。如果底色和字体颜色有明显的色度差，就可以保证标识的可视效果。因此医院采用极端的黑白对比鲜明的标识设计，就能发挥良好的指示作用。采用绿底白字、蓝底白字的标识设计，也可以起到和黑底白字类似的指示效果。当确定了底色采用暗色调的颜色，在保证色彩平衡的原则下，标识字体的色彩选择范围就变得比较宽泛，设计师则较为容易地设计出和室内装饰氛围相衬的指示标识。

2. 需要考虑文字和图像标识的大小与可视距离的相互关系

设计师需要根据可视距离的远近来确定文字和图像标识的尺寸大小。

很多人认为 JR（日本铁道）车站的文字标识过大，让人看标识的时候感到非常困难。医疗福利设施内如果安装着类似 JR 车站的文字标识，也会让患者感到难以应对。通过可视距离的远近来确定标识上的文字大小，不是一件简单的事情。在日本地方上的小医院内，经常可以看到类似“抽血检验的请往里走”的标识，这种在白底上用很大的黑色字体书写的文字标识显然缺乏专业的设计，更谈不上什么时尚性了。

利用数字和罗马字母完全可以进行时尚的标识设计。日本的文字除了汉字之外还有平假名和片假名，设计师只要开动脑筋将文字、假名、数字、字母进行巧妙地组合，必定能设计出独到的指示标识。如果可视距离过近而标识文字过大，反而会让人看标识感到困难；反之也是同样的效果。由于目前缺少标识的可视距离和文字大小之间相互关系的数据，所以需要设计师到现场进行反复的比对，随时调整设计方案，以求达到最佳的可视效果。

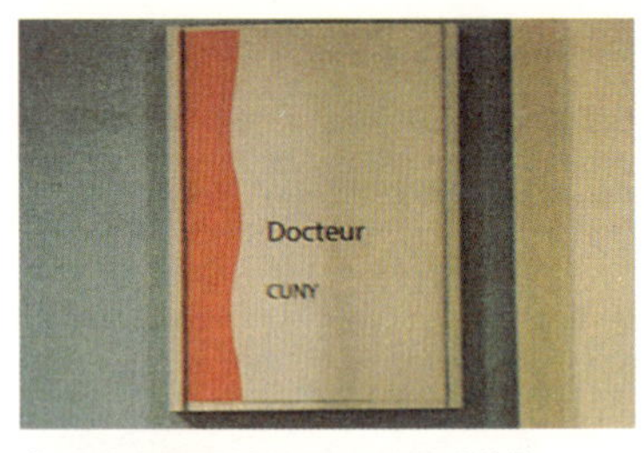

安装在房间上的标识可以随时替换（法国，曼特・莱・杰里医院）

医院的内部设置了罗马字母的指示标识（法国，乔治・蓬皮杜欧洲医院）

楼层采用了不同的颜色装饰，右边标识采用的颜色让人难以辨清（法国，曼特・莱・杰里医院）

3. 日文标识和英文标识同时存在

日本很多医院现在也都提倡和国际接轨，医院内越来越多地采用日文标识和英文标识混合并用的指示标识。这是医院未来发展的方向之一。作者曾经在英国伦敦的一所医院内，看到了用阿拉伯语等五种语言书写的欢迎标志。如果日本医院也采用多种的语言来描写同样的内容，但是由于医院内部空间的限制，反而会造成应当公布的信息受到了限制。根据日本的实际地域情况，作者建议医院最好还是同时采用日文标识和英文标识来起指引作用。

4. 图像标识

有些情况采用语言进行描述不如采用简单图形的方法描述得清晰，这时候可以直接采用图像标识。如果能用图像标识简洁明了地表明所要描述的情况，那么不论是谁看到图像都会发出会心的一笑。设计师在愉快的气氛中创作出来的图像标识，也为医院的治疗空间添加了轻松的色彩。

在教条笼罩下的医院给人以死板、生硬的印象，但是设计

时尚的空间内安装的黑底白字的标识，其色彩搭配提高了可视效果（美国，海尔斯森特拉尔医院）

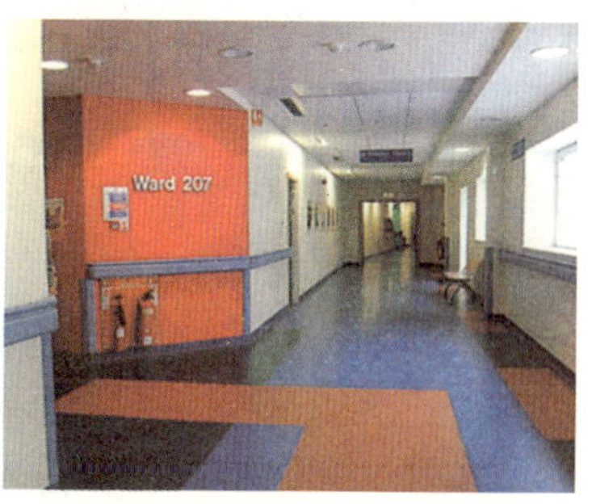

人们借助安装的标识可以顺利地到达目的地（英国，艾金芭拉医院）

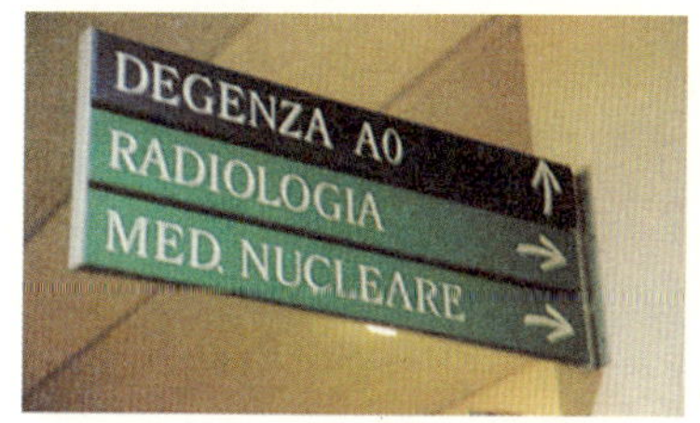

色彩突出的标识设计和室内的装饰色调十分协调（意大利，乌玛尼达斯医院）

标识的背底和墙面的色差太小，使得人们不易看清图像标识的内容（美国，奥库斯纳·医学中心）

师轻松的图像标识设计则为医院增添了活泼的气氛。但是设计师需要在采集大量信息的基础上，进行各种复杂的图像绘制，才能设计出值得人们称赞的图像标识。

5. 住宅内不必设置指示标识

如前所述，尽管在医疗设施内需要进行整体的标识设计，但是在老龄福利设施内是否也进行类似的标识设计还有待商榷。按照极端的看法，老人集体宿舍和养老院是老人们生活的最后“栖息场所”，也是老人们自始至终的“家”。也有部分的人提出为了给入住的老人提供便利，老龄福利设施的内部也应当设置相应的指示标识。

对于老年人来说，要想在多层的大型老龄福利设施里确定准确的方位的确是件比较困难的事情。曾经有部分患有认知功能障碍的老龄患者忘记了自己居室在什么位置，只好向福利设施的工作人员询问自己的住所究竟是在几层的什么房间。基于这一点，福利设施有必要考虑其内部装饰的造型和色彩，特别是放置在内部的物体、安装的标识等物品的外形和色彩设计。为避免老人们忘记自己的住所，老龄福利设施可以借鉴医院的做法，每层楼都用醒目的数字做指示标识。为使老人们容易区分不同的建筑单元，在其大门和门厅处可以安装以暖色调装饰的指示标识，让老人们很容易记住自己居住的建筑单元的特征。如果不同的建筑单元以当地人熟知的地名和路名来命名，并且选用富有当地特色的花草及树木来做图像标识，入住的老龄人士和相关的工作人员也都容易接受并记住。

作为老龄福利设施的集体宿舍从照顾老人的角度出发，可以将老人居室的房间编号采用罗马字母和数字混合编组，例如位于西区的某房间可以编为 W501 室，房间的门牌标识还可以用不同的颜色进行装饰，这样都能起到方便老人们记忆的作用。

为什么日本的女卫生间采用红色的标识

现在有人从男女平等的角度出发提出取消日本男女卫生间所采用的不同颜色的指示标识，并建议应当采用同一种色彩。日本的孩子们从幼儿时期就知道女子的为粉红色彩，男子的为蓝色，并且从来没有提出过任何疑问。

这种将男女卫生间用不同颜色进行标识的做法是日本特有的一贯做法，在世界上的其他国家很难找到类似的做法。采用不同的图像标识人们也能容易地区分男女卫生间。现在日本的一些商业设施已经在逐渐减少用不同颜色的指示标识区分男女卫生间的做法，但是在医疗福利设施内还是采用传统的色彩和图像并用的指示标识来区分男女卫生间。

结合区域特点设计指示标识

英国的艾金芭拉医院地面上使用的指示 X 射线透视室的彩色标识，能起到很好的指示效果。位于英国肯特郡西北的达特佛德医院有 403 张病床，设计师在设计指示标识的前期进行了大量的调研准备工作。该医院的建筑物为 3 层建筑，设计师用 6 种不同的颜色将其分成了 6 个区域，不同的病区采用体现其色彩的“栎木（Oak）”、“棕榈树（Palm）”等树木名称来命名，并且采用三角形、四边形等 6 种不同形状的图像标识。不仅这种指示标识设计独到，就是其大门和走廊的设计中也尽显设计师用心之苦。由于射进大门的光线角度不断发生改变，所以光线起到了很好的诱导效果。多彩的地面和墙壁在光线的映照下，使人们很容易就能确定不同的位置。位于美国达拉斯的儿童医院，采用了有地域特点的犰狳

（生活在美洲的一种哺乳动物）作为图腾，以其为主题设计出马蹄形的不同色彩的指示标识，使人对不同的楼层和病区都留下了深刻的印象。当然设施内具有特点的物品和艺术作品也都能给人留下深刻的印象，但是采用有地域特点的图腾标识，更能便于工作人员指引患者顺利到达所去的目的地，能够起到事半功倍的效果。

在设计标识的过程中，需要加强和相关人士的沟通

在完成标识的设计过程中，需要标识方案的设计师和色彩方案的设计师经常在一起进行交流，共同完成标识的设计。在

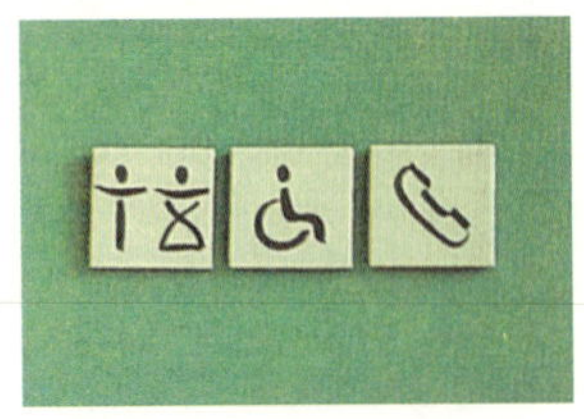

图像标识（卫生间，电话）
（意大利，乌玛尼达斯医院）

图像标识（亚麻布室）（法国，乔治·蓬皮杜欧洲医院）

能帮助确定方位的物体
（美国，奥库斯纳·医学中心）

没有色彩区分的男女卫生间标识（美国，达拉斯儿童医学中心）

项目的初期阶段，双方需要在设计事务所里共同研讨标识的设计思想，定出设计的基本框架。随后标识的设计者要深入实地，掌握现场的实际运行状态，了解现场建筑结构的空间特征。在获取第一手资料的基础上，设计师要完成标识的初步设计方案，方案中可能会存在很多还需要继续解决的问题。标识设计师还要征求建筑师和医院方面的意见，听取他们对初步方案的意见。然后在共识的基础上，提出包括各种标识的设置场所、样式、数量、位置在内的设计方案，并由色彩方案的设计者提出色彩建议。在这个过程中，标识方案的设计师和色彩方案的设计师需要经常在一起研讨。在包括标识和家具等在内的色彩方案完成之后，在此基础上根据实际的情况，色彩设计师可以适当调

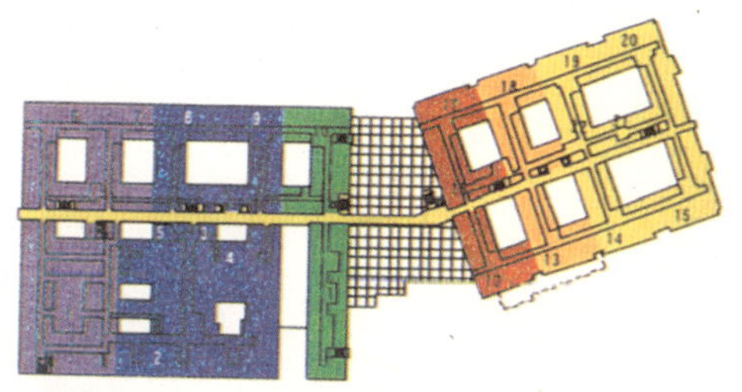

建筑物的三层被 6 种颜色分成了 6 个区域（英国，达特佛德医院）

光线照射在大门和走廊上，起到了光线指引的效果（英国，达特佛德医院）

垂吊在顶棚上的指示标识和地面形成了鲜明的对比（英国，艾金芭拉医院）

整方案中标识的色彩，以期控制建筑物内部色彩的总体平衡。

完成一个好的设计方案，加强各方面沟通是其中非常重要的工作。尽管一个良好的标识设计方案会对设施的室内装饰工程起到良好的效果，但是如何真正发挥好标识的作用，则是医院管理者需要认真研究的问题。在竣工并开始运营之后，医院方面需要重新认识标识的设计是否合理，是否需要及时调整字体的大小，是否还要增加标识的数量等。不要因为按部就班、墨守成规，而让标识不能发挥其应有的作用，在人们的印象里变成了医院的管理不到位。医院要随时持“真诚之心”对待患者，及时改进工作中发现的各种问题。

家具的设计

医院内家具和其他设备，是营造让患者满意的生活环境的重要因素之一。按照人体工程学的理论设计出来的椅子一类的家具，是提升室内装饰水平的重要因素，但是选定合适的家具不是一件简单的工作。舒适的家具能够使患者感到因疾病而引起的痛苦时间在缩短，坐在经过科学设计的椅子上，患者紧张不安的心情会得到放松。

不仅在外部装饰和内部装饰的时候都需要制定色彩设计方案，就是在考虑家具、使用设备、窗帘、艺术作品、指示标识、盆栽等装饰布局的时候，设计师也要制定相应的色彩设计方案。但现在的很多设施在进行装饰工程的时候并没有做这些相应的工作。在医院进行相应的工程施工的时候，其主管部门一般是医院的行政部门，在日本一般的建筑工程中包括了制作类似服务台、橱柜一类家具的内容。医院要成立包括相关工作人员参加的委员会对工程的设计方案发表意见。在进行研讨的时候，各部门分别结合本部门的工作特点要对工程方案提出具体的修改建议，在进行多次研讨的基础上，才能确定最终的室内装饰方案。在此方案中应特别吸纳来自每天接待患者的一线工作人员的意见，包括他们对家具的数量、家具的色彩、家具放置的地点等相关内容的建议。

家具色彩的设计过程

1. 在准备色彩设计方案的时候，各方应当大体上对各区域内的家具、相关设备、窗帘等物品的色彩基调达成了共识。

2. 色彩方案中的一些设想不仅应当让医院的管理者有所了解，也应当让全体的工作人员知晓，每个人都应对未来的空间结构有一个大体的印象。(目前日本既通医学又懂建筑的人士还很少，如寻找到具备上述两种学科领域知识的人士是十分困难的工作。)

3. 医院的行政部门要参加家具的选定工作，并且应提出相应的具体要求。

4. 院方要同工程筹备委员会密切接触，要及时提出院方的各项要求和希望。

5. 向多家家具制造企业提出采购计划，对设计出来的家具要进行实际检验，以期达到满意的效果。

6. 对椅子及其他家具，设计师要针对其木材及板材的纹理、种类、颜色，征求色彩专家的意见，以期达到和室内环境相协调的装饰效果。

家具选定的标准

1. 椅子及其他家具要和室内时尚的空间设计风格相协调。

2. 确认家具的数量和放置的位置。

3. 人坐在椅子上要感觉舒适，从椅子上站起来要感觉轻松。

4. 座椅的表面材料应具有防水和防污性能。人们可以通过座椅看到医院所营造出的温馨氛围。很多医院的座椅表面为人造革的材料，作者建议医院的座椅表面最好采用饰布材料，这种饰布材料应当具有防水和防污的性能。

5. 在确认座椅的表面材料具有所希望的各种功能之后，再来选定座椅及其他家具的颜色，家具的颜色要和室内的装饰环境相协调。

6. 确认选定的家具是否适应该区域的使用要求。

如何确定不同区域的使用家具

1. 进门大厅的家具

进门大厅放置的椅子等家具是人们对医院产生的第一印象

家具颜色并不鲜艳，茶几上放置着座灯
（美国，奥库斯纳·医学中心）

黑色调的家具显得高档而庄重
（日本，四谷医学研究中心）

的重要要素，因而这些家具应当具有较高的设计水平。家具既要体现其独特的设计理念，又要和大厅的装饰风格相协调。大厅的家具要同宾馆休息厅的一样，不要采用过于鲜艳的色彩，避免给人以过于强烈的刺激。当发生灾害或意外的时候，大厅的座椅应当还能充当临时的卧床。

2. 候诊大厅的家具

放置在候诊大厅的座椅应当避免沿一个方向摆放，最好采用相向的方向放置。在座椅的中间，应适当放置少量的茶几，让人感到有一种居家生活的气息。家具的色彩应当选择明快的色调，以缓解患者沉重而不安的心情。根据作者的经验，大厅的家具颜色最好不要超过两种。如果设计师没有确定家具的颜色，建议以木本色为主，如果采用蓝色调的色彩易让患者产生一种寒冷的心理感觉。

3. 居住空间的家具

为了不打乱患者原有的生活节奏，医院尽量创造令患者舒心的居住环境，以利于患者保持良好的心态。病区的家具应当选用暖色调的木本色家具，让整个病区充满了轻快的生活气氛。另外要统筹规划各类家具放置的具体位置，患者在何处看书，

大厅内的座椅之间放置着茶几（英国，达特佛德医院）

位于走廊尽头的休息角（日本，东邦大学医疗中心大森医院 3 号馆）

在何处使用电脑，在何处饮茶，在何处同家属聊天，都需要事先进行充分地考虑。如果可能的话，可以在病房的窗户旁放置类似咖啡屋的吧台，让患者独自享受轻松的时光。在病房的靠墙一侧还可以放置长椅，让看望病人的家属或孩子们有一个临时休息的场所。对于爱好饮酒的患者，作者建议其病房内座椅的表面材料采用人造革的材料，以利于维护和保洁。

4. 特别病床

现在日本很多的医院为了追求病床家具的高档化，使用了红木、花梨木、胡桃木的材料来制作病床，采用黑色的色调并用饰布作为表面材料，营造出一种庄重而安闲的氛围。

5. 其他的用具

如果在走廊尽头的休息角放置座椅和茶几，可以改变人们对走廊所持的过于狭长的印象，也消除患者心中不安的感觉，起到精神放松的效果。对于窗帘等用品也需要和生产厂商及时沟通，希望厂商能够按照医院的要求提供多种的样品以备挑选，甚至有必要要求厂商按照医院所希望的色彩、样式进行生产。

医院的艺术作品

安装在医院墙壁上的各类艺术作品，使患者的就医环境发生了改变，对激发患者自身潜在的治愈能力也起到了积极的作用。一幅艺术作品有可能使患者恢复活力、增强信心、充满希望，也会使陪护患者的家属心情得以放松，有时候艺术作品可能发挥人们难以想象的作用，甚至还可以舒缓工作人员紧张的情绪，增强工作活力。目前日本很多医院内的艺术作品来自于患者赠送的绘画，也有是院方自己收藏的艺术作品。在医院走廊内展示的这些作品当中，尽管也有少量的作品是赝品，但是毕竟提高了患者和工作人员对艺术的关心度。在医院展示的作品其主题应当对患者的身体康复能起到积极的意义，但是目前只有少数的医院在展示艺术作品的时候，才考虑其主题对患者是否能带来正面的效果。

作品的主题应对治愈效果产生积极的影响

无论是谁站在印象派的艺术作品面前，都会对其幽默的主题发出会心的微笑。但是朦胧派的艺术作品，由于其主题中的人物有时难以让人理解，所以哪怕其艺术价值再高，建议在医院内还是不要进行展示。如果艺术作品中的人物始终是神秘的悲伤表情，也会对健康人的情绪带来负面的影响，更何况身患疾病的患者。看到这种悲伤的表情，会让其处在一种悲伤的情绪之中。

尽管对于同样的艺术作品，由于欣赏者的受教育背景、经历、知识、状态等方面存在着差异，因而对艺术作品的理解也不尽相同。但是在医院展示的艺术作品最好还是选用以自然为主题的作品，这样便于让更多的人所接受。患者看到以当地的雄伟高山为主题的绘画作品，可以增强生活欲望，鼓足其战胜病魔的勇气。自然界中的植物、动物离人们的生活并不遥远，都可以成为创作的主题。孕育着无限希望的广阔天空，位于大海深处的神秘海洋生物，绿色草原的呼啸劲风，都可以唤起患者美好的记忆。当患者看到艺术作品中色彩艳丽的鲜花的时候，甚

展示在大厅里的艺术作品
（英国，诺佛克·诺里杰大学医院）

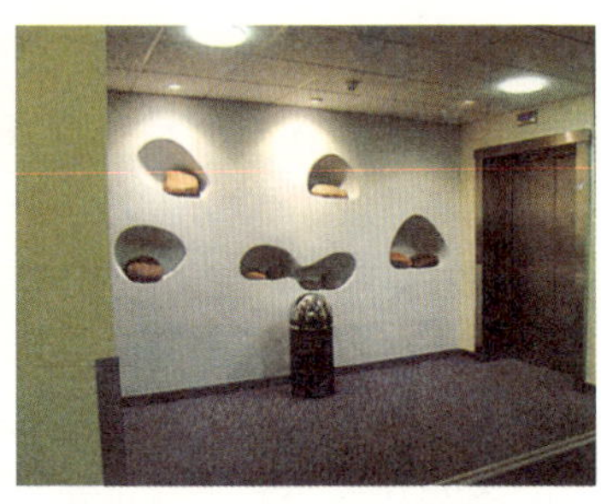

仿佛能感觉到大地温度的石艺作品
（英国，艾金芭拉医院）

墙壁上展示着绘画作品
（英国，西伦敦综合诊断中心）

墙壁上的挂毯使走廊充满了和谐的气息
（英国，库赖斯格·霍迈帕西科医院）

至会回想起自己童年有趣的事情呢。

对于大多数的人来说，很难理解抽象派的艺术作品所反映的主题。如果不对其创作的主题进行限制的话，可能会让欣赏作品的患者产生负面的印象，甚至做出危险的举动。倘若对绘画作品的色彩及图形进行必要的限制，那么医院也可以展示抽象派的绘画作品。患者有可能长时间站在绘画作品的面前，一边思考一边自言自语，想象着其中的奥妙，这本身其实也是件十分有趣的事情。作者期待着抽象派的艺术作品能对患者的治疗能产生积极的效果。

石头和木头一样，同样也可以创作成艺术作品。当人们触摸到石头上可以感觉到大地的温度，感受到来自大地的力量。不仅绘画作品对人的五大感官能起到积极的刺激效果，石艺作品和木艺作品同样也能起到积极的作用。对于在医院和福利设施内居住的身体活动不便的人士来说，石艺和木艺作品能为他们提供直接触摸自然的机会。

艺术作品和建筑空间的融合

无论何种价值的艺术作品，都要为其确定用来展示的空间。设计师既要根据作品来选择合适的空间，也要依照空间来创作相应的作品，艺术作品和建筑空间存在着一种彼此需要并相互融合的紧密关系。其实人们并不难确定艺术作品和建筑空间存在的这种关系，从小的艺术作品入手，对艺术作品分门别类的进行整理，再对作品仔细地进行分析，看看该作品是否符合医院的风格，然后再选择相应的空间加以展示，以期作品能发挥积极的效果。

艺术作品的价值

很难用语言来描述艺术作品的价值。医院从为患者治病的角度出发，努力营造一个令患者心情舒适的治愈环境，在进行室内装饰设计的时候，需要设置专门的空间用来展示艺术作品。这些艺术作品既要有一定的艺术价值，也要有一定的经济价值。可以采用书画刻印艺术的方式制作一定量的艺术作品，在装饰时尚的室内空间内展示这些作品。很多艺术家是在了解了实际展示作品的建筑空间的结构布局之后，再专门进行创作。如果艺术家对所展示作品的建筑空间不了解，哪怕是著名的画家也难创作出和展示空间十分相称的艺术作品。在医院里展示的艺术作品没有名家之作，更多的是来自介于艺术家和普通爱好者之间的艺术人士的作品。主要是设计师、建筑师、规划师等人创作的艺术作品。

作者曾经有幸参观过某所医院的小儿外科，在这座有着 30 年历史的建筑的走廊内展示着各种颜色的壁画作品。参加壁画创作的全是未成年的孩子，他们仅用 3 天的时间，在白色的墙壁上创作了这幅令很多人为之心动的作品。他们选用暖色调的色彩，自己进行色彩调配并用涂料进行创作，创作的作品和建筑内部的环境也非常协调。这幅独特的医院艺术作品，给人们留下了很多深刻的思考。但是非常遗憾的是在对这座建筑进行改造工程的施工时，走廊遭到了破坏，这幅独特的艺术作品只能永久地保存在人们的记忆之中。

由谁来维护优美的环境

在欧美地区，为了维护医院的优美的环境，医院内设置了专门维护室内装饰环境和艺术作品的机构。由于这个机构的工作人员非常了解医院的情况，他们是维护医院设施的专家，因而能够长时间地保持医院的优美环境。医院内设置了维护环境的专门委员会，定期更换走廊内所展示的艺术作品，使患者及其家属能感受到医院经常发生的各种变化。如何长期维持医院优美的治愈环境，其实有各种各样的方法。但是执行力的好坏，可以使医院的环境沿着两个极端的方向去发展。

第4章　日本的实例

Ruriko Nii　Hitomi Umesawa

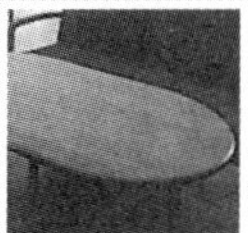

医疗设施

尽管每年人们通过媒体得到很多医疗设施的相关信息，以及不同患者对不同医院的治疗评价。但是本书中作者还是以地理条件、管理水平等方面从中精选了 4 所典型的医院实例介绍给读者。作者从医院的功能、室内的装饰、色彩的设计及患者和工作人员的多个角度出发，为读者介绍这些医院如何为患者去营造一个温馨的治愈环境。

本章介绍的东京临海医院位于距东京市中心有 30 分钟车距的新型住宅区，该医院的外观为三角形的柱状造型；极具地方色彩的渥美医院，是当地能为患者提供多种服务的标志性医院；东邦大学医疗中心大森医院 3 号馆是该中心分散在不同地区的一座有特点的医疗设施；静冈癌症中心是承接了很多重要研究课题的医疗机构。

作者曾有幸参加过东京临海医院和东邦大学医疗中心大森医院 3 号馆的色彩设计工程，作者将结合亲身参与这些医院的建筑设计的经验和体会，尽可能从客观的角度向读者们介绍这些医院的室内装饰特点。

（Umesawa）

实例 1
东京临海医院

设计方：佐藤综合计划　所在地：东京都江户川区

东京临海医院毗邻东京都江户川区的左近川公园，位于中高层的新型住宅区的中心，其建筑面积为 41591m^2，是一所拥有 400 张病床的医院，2002 年开始收治病人。

为当地的标志性医院

这所医院给人留下深刻印象的是其独特的外观造型。这座医院地上为九层，是当地的标志性建筑，其三角形的柱状构造让当地的人士对这所医疗设施萌生出一种可信赖的感觉。在这座正三角形结构建筑的中心安装了上下可以升降的电梯，建筑物的低层为医院的门诊、化验、健康医学中心等部门；四层以上则全部为病房，每一个楼层分成了3个病区，每个病区拥有33张病床。

进门大厅有2层楼之高，从顶窗射进的光线柔和地照射在木质的壁板和回廊的艺术作品上，光线随着太阳的运动在木质的壁板和带有图案的地面上不断变化。在这座安闲的建筑空间内，令人瞩目的壁柱在人们的眼中也仿佛成为艺术作品，橙色调的装饰使前来就诊的患者心生暖意。用涂料粉饰的墙壁、贴砖式的外部装饰、高耸的立柱、独特的室内装饰使得这座三角形的建筑成为当地的标志性建筑。

三种基本的色彩

医院的色彩设计方案是基于“大树”的概念。位于三角形建筑的中心柱状结构就如同植根于大地里的粗大树干，如同树枝一样由柱状中心向三面的建筑发散。柱状中心连接三面建筑的连廊如同三根粗大的树杈，三角形的三面建筑的颜色由象征着大树生产不可缺少的“阳光”、“森林及草原之风”、“蓝天之水”的三种基本色调构成，即橘黄、绿、蓝三种颜色。整座建筑的主色调为米黄色，建筑物走廊内铺设的地毯色彩为暗色调，不同的区域之间没有明显的色温差异。

儿童病区根据孩子们的特点采用了米色的基础色调进行装饰设计，并配以孩子们梦想中的大海及碧波图案进行装饰，而没有采用通常在儿童病区常见的鲜艳色彩进行装饰。这样一种色彩调配和曲线造型设计，让人产生一种柔和的印象而且不容易让人感到视觉上的疲劳。

东京临海医院

三角形柱状结构造型的医院已经成为该地区的标志性建筑 *1

儿童病区的走廊内采用了柔和的色彩装饰，令孩子们和家长感到舒心 *2

柔和的光线照射在木质壁板及地面的图案上 *2

赋有动感韵味的内部装饰和指示标识 *2

*1 摄影：库德佛特
*2 摄影：川澄建筑摄影事务所
*3 摄影：门间金昭建筑摄影事务所

医院成为该地区的标志性建筑，和周围的环境非常协调 *3

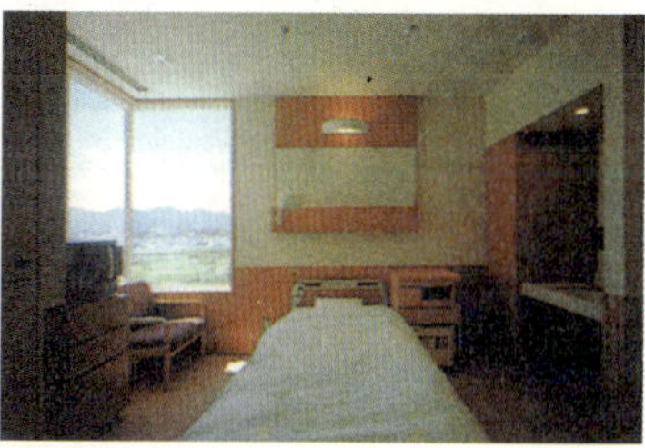

舒适的单人病房，病人可以透过近似是落地式的窗户看到户外的景色 *3

在蓝色调的地面上增添了粉红色的色彩，使整个建筑显得非常温馨 *3

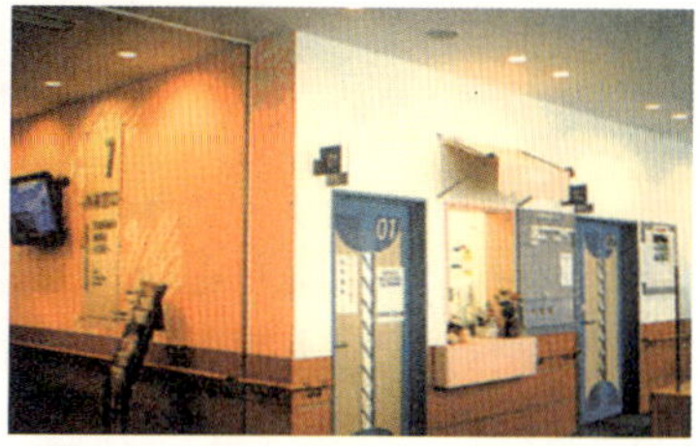

由于部门的不同，房间的标识和服务台的色彩也存在着差异 *3

采用有动感效果的颜色

由于该建筑为正三角形的左右对称的结构，不容易使患者确认自身准确的位置。为了解决这个问题，设计师在面向由三角形围成的中间庭院的走廊里，设置了以简洁色彩装饰的指示标识。患者只要走出电梯间，就能按照标识所指引的方向到达其想去的目的地。由于医院的走廊内采用了鲜艳的色调进行装饰，所以人们可以清楚地看到深灰色调的指示标识。人们站在大厅中间，可以沿着标识指引的前进路线，顺利地到达想去的目的地。如果在指示标识中增添赋有江户川地域特色的图案，也会使标识变得更为亲切和有趣。

种植药草的中间院落和宽阔的停车场宛如医院的内部空间一样。这些空间和医院三角形的建筑结构、内部装饰、指示标识、艺术作品都融合成为一个整体，一同展现在公众面前。人们靠在这棵植根于大地的“大树”上，从心底里涌出一种可值得信赖的安全感。

（Umesawa）

实例 2
渥美医院

设计方：共同建筑设计事务所　所在地：爱知县田原市

如果在初夏的季节访问渥美医院，映入人们眼帘是犹如绿色的田园风光，让人产生一种安逸、平稳的印象。这座 2002 年开始收治病人的医院其建筑面积为 25883m^2，拥有 316 张病床。医院的经营管理理念是“立足当地，服务社会”。设计师在对渥美半岛的气温、湿度、日照时间、土壤的颜色、所处的纬度等多项指标进行了细致的调查之后，为这所医院设计了现在的外部装饰色彩，以期能和周围的环境相协调。

适应当地的风土和气候

整座建筑采用了两种基本色彩进行外部装饰，即主要采用橘黄色调中的黄色和另一种颜色进行色彩调配，设计出和周围环境相协调的色彩装饰。建筑物的主色调为单一色彩，在此基础上再用部分鲜艳的色彩做点缀，使医院成为当地的标志性建筑之一。

蓝色调为主的室内装饰

步入医院的大门，可以看到阳光从窗户直接照射到有 2 层楼高的进门大厅，大厅白色的墙壁和蓝色的地面在阳光的照射下形成了鲜明的对比。医院建筑的外部采用以黄色的色调为基准，添加少量的蓝色进行的色彩装饰。内部铺设的地毯也以蓝色的色调为基准，编织进少量绿色的毛线，使得质地显得更加柔软。大厅服务台背面的墙壁采用了以木本色的颜色为主色调，使得进门大厅不再给人以寒冷的印象。

有利于确认所处位置的设计方案

沿着进门大厅 45° 角的方向延伸有 4 个不同的区域，每个区域都有一个就诊部门，患者可以根据自身所患的疾病分别到相应的就诊部门看病。由于进门大厅紧挨着中间庭院，所以患者很容易辨别自己所处的位置。

所有服务台背后的墙壁以 PANTONE（国际通用色标体系）的暖色调为主，兼以部分的明亮色调，选用在显微镜下所观察的花粉照片作为主题背景图案进行装饰。

内部的居住环境良好

从三层到五层的病区里，每个病房内都设有多张病床，全部采用人性化设计的家具，患者可以根据自己的意愿对病房进行简单地装饰，患者住在这样的病房中会感觉非常轻松。在4个区域的走廊尽头都可以透过窗户看到户外的田园美景，走廊的尽头开辟了谈话空间并备有长椅，这里成为患者们在病房之外进行休息交流的场所。一层和二层门诊部门的房间内采用了粉红色的色彩装饰,使人对医院产生“温暖”和“平安”的印象。采用这样的色彩装饰会有利于医护人员提高工作效率，也使患者更为安心。

这所医院的门诊部门、检查部门、管理部门、病房采用了不同的色彩设计方案，用于接待患者问询处的服务窗口设计也尽显设计师的匠心独到之处，所有到访的患者及其家属都对工作人员的服务留下美好的印象。正是设计师采用了明快色调的色彩设计，使得患者对医院留下轻松欢快的记忆，而不像其他医院让患者心中产生一种沉重的感觉。

这所医院地上铺设的地毯质地柔软，踩上去没有声音，也从另一角度减轻了工作人员的疲劳。医院的工作人员平时注意精心维护，使得这所医院在竣工多年之后，其室内外的风貌还如同刚刚竣工的一样。这所医院能够适应渥美半岛的气候和风土变化，今后仍将长期成为当地的标志性建筑之一。

（Umesawa）

东邦大学医疗中心大森医院 3 号馆

让人产生轻松感觉的入口大厅 *4

顶部的灯光照亮了卫生间，其内部装饰能让人精神放松 *4

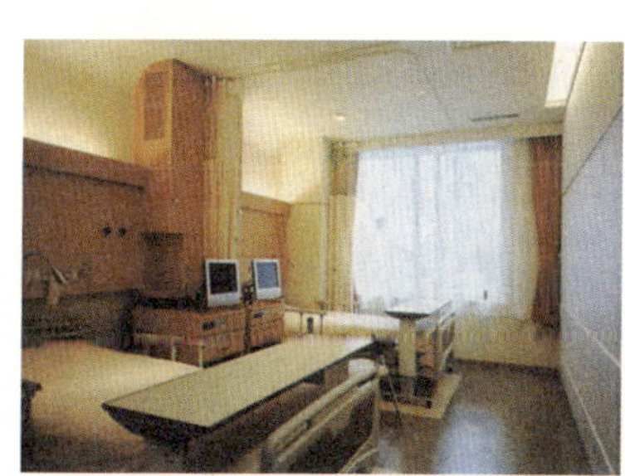

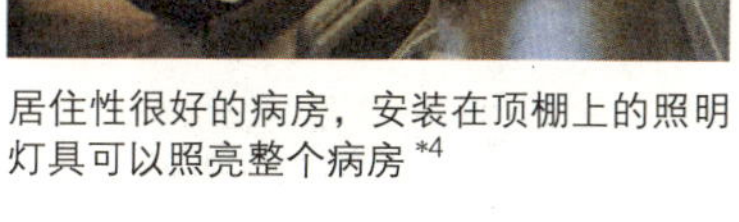

居住性很好的病房，安装在顶棚上的照明灯具可以照亮整个病房 *4

如同集体住宅里的中间院落 *4

*4　摄影：艾斯埃斯东京

静冈癌症中心

进门大厅的地面上铺设了带有纹路的图案装饰

走廊的立柱变化为医院增添了家庭般的气氛

充满季节性色彩的装饰，使患者感觉到在医院里受到了相应的尊重

透过中间院落可以看到对面的茶室

实例 3

东邦大学医疗中心大森医院 3 号馆

设计方：梓设计　所在地：东京都大田区

大森医院曾是日本帝国女子大学医学专科学校的附属医院，是一所自 1925 年就开始收治病人的有着悠久历史的医院。2004 年大森医院 3 号馆竣工验收，3 号馆的建筑面积为 20652m^2，拥有 241 张病床，由于 3 号馆的竣工使得大森医院的面貌发生了新的变化。大森医院 3 号馆主要功能是作为一所急诊医院，3 号馆为患者和工作人员提供了温暖、舒适的治疗空间，该建筑的设计从细微之处入手，尽显各种人文关怀。

和温暖共存

3 号馆 2 层高的进门大厅构成了宽敞的空间，自然光线照亮的大厅给人留下了开放的印象。大厅用无机质材料制作的地面和木质的天窗形成了鲜明的对比，木质的天窗同时为大厅增添了温暖的色彩。在这座整体由直线和平面构成的建筑空间里，由曲线和曲面构成的服务台为大厅增加了轻松的气氛。大厅内放置的座椅、铺设的地毯，其蓝色调的颜色和大厅的整体色彩构成了平衡，使人们感到大厅的温度似乎也在上升。

色彩设计方案中蕴含着医院的管理理念

为了体现医院“自然和人类共存”的管理理念，医院内各处的装饰和指示标识的色彩方案都围绕这个理念进行设计。从医院的门诊部布置到连接外部的紧急地下通道上的玻璃拱棚的色彩设计，都充分体现着医院的管理理念。整个内部的指示标识全部采用白色和灰色的色调，给人一种时尚、清新的印象。

医院各病区让人产生一种非常“阳光”的印象，各病区的服务台和病房的指示标识全部采用橘黄色的色彩设计，病房内的窗帘和家具也让人产生温暖和生机勃勃的印象。当夕阳西下的时候，医院会显得十分寂静。透过窗帘的夕阳将整个病房映照在柔和的光线之中，人们从外面看到的病房处在一种温馨的气氛之中。病床上面的木饰、安装在顶棚上的照明灯具及房间内各种巧妙的细部设计，都使病房变得更为舒适。

创造舒适的居住空间

医院的病房宽敞而明亮，病区的中央坐落着一个很大的院落。在绿地很少的城市中心区域，能有这样一块可以直接接触自然的建筑空间是十分难得的。患者及家属、工作人员在这里都能感受到大自然的恩惠，置身于中央院落的患者丝毫不会产生什么封闭的感觉。置身在这样环境中的患者，会使其治愈能力提高，身体早日得到康复。

为了给患者创造舒适的空间，医院的卫生间内还设置了专门的卫生箱和衣帽柜，洗手池的上方安装的灯具采用了间接照明的方式，使得整个卫生间显得十分宽敞。人们在这里得以充分地放松，患者的尊严得到了基本的尊重。

给周边环境产生良好的影响

竣工后的 3 号馆给周边环境带来了耳目一新的变化，使周围街区的面貌也产生了相应的变化。3 号馆前面的道路得到了整治和拓宽，位于两侧的 1 号馆和 5 号馆得到了再次整修。由于医院的功能更加完备，使得周围居民的看病更为方便。医院简洁、明快的建筑造型，使得周围的居民对其产生了一种亲近感。医院的各馆采用了不同颜色的外部装饰，而专门的地下通道又将各馆连接在一起，人们不会因为迷失了方向而出现焦虑的情绪。尽管连接各馆的地下通道的距离很长，但是其已经不仅仅作为通道，而已经装饰成为展示艺术作品的长廊。尽管各馆相互之间的建筑装饰存在着一定的差异，但是都在努力创造一个令患者满意的居住环境。

（Umesawa）

实例 4
静冈癌症中心

设计方：横河建筑设计事务所　所在地：静冈县长泉町

静冈癌症中心拥有类似最先进的质子线治疗仪器一类的设备，其医疗技术十分先进。该医院的建筑面积达到了 76076m^2，是一所大型的癌症治疗中心。该医院设施完备、功能齐全，为患者提供了比较理想的治愈环境。

内外一体的空间建筑

医院的大门有二层楼之高，站在宽敞的进门大厅内透过大门可以清楚地看到外面的景致。由于建筑师是依照地形地貌的特点设计了这所医院，使得医院的空间建筑结构随地势不断发生变化，人们不禁从心里赞叹建筑师巧夺天工的设计。

为了避免让患者和家属产生不安的情绪，建筑师从空间布局到室内装饰都进行了精心地处理。在由医院建筑物围起的中央院落，设计了绿地和流水一类的景致，进门大厅的地面上采用了类似波纹的图案，让患者和家属产生一种接近自然的感觉。为了避免患者和家属直接面对诊疗室，在进门大厅内设置了沙发和茶几将各诊疗室隔离开来。患者可以坐在沙发上小憩，消除患者候诊时易出现的紧张情绪。

指示标识采用了反映当地特点的色彩设计

医院的室内装饰以米黄色为基准色调，配以少量明快的木本色和粉红色，指示标识采用反映静冈风土的樱树颜色和茶色作为色彩的基准。静冈癌症中心使用反映当地风情特点的颜色作为装饰的色彩，使其完全不同于急救医院通常使用的装饰色彩，当患者看到这类暗色调的色彩会使其紧张的情绪能得以舒缓，自身的治愈能力得以加强，战胜病魔的信心得以巩固。这所毗邻富士山的医院，采用了反映当地特点的色彩进行标识设计，使得患者在治疗疾病的同时既可以欣赏到周围大自然的美景，又能进一步放松自己的心情。

T 形建筑结构的住院大楼

这所医院的住院大楼采用了 T 形的结构造型，不会拥有其他大型医院那种给人深刻印象的长长的走廊。开放的服务台位于 T 形建筑结构的中心，使得被看护的患者从心里能产生一种安心的感觉。患者在病房里通过靠近走廊一侧的窗户，可以及时和工作人员交流情况。病房内采用了近似落地窗式的采光设计，避免横放的病床挡住人们的视线，患者透过窗户可以直接看到户外大自然的壮观景色。

提供家庭般温暖而细致的关怀

这所重视和大自然紧密接触的医院，可以为疾病患者提供细致和周到的关怀，减轻患者的疾病痛苦并提供具有针对性的治疗服务。

病房内设计了专门的平台，患者置身在平台上可以眺望周围大自然的景致，而患者的病床则靠近病房的内侧，构成了患者的私密空间。医院的走廊围起了中央院落，靠近各病房门口一侧走廊的凹室设计就如同壁龛一样，和日本普通家庭的住宅结构极为相似。除了走廊的设计采用了类似住宅式的建筑要素，在中央院落内也设计了可供患者饮茶聊天的茶室。透过种植在中央院落的树木向茶室望去，这里和日本人传统的生活环境没有特别的区别。这种既美观又实用的空间设计，也是为患者提供细致看护的一种新的方式。

维护了患者的基本尊严

静冈癌症中心自 2002 年竣工使用至今，仍然保持了其整洁的风貌。很多医院在通告板上贴满了各种通知和告示，尽管这所医院也有类似的一些重要通告，但是其内部张贴更多的是反映不同季节特点的各种临时性的装饰饰物。这些充满季节色彩的手工作品，让患者和家属感受到了医院对他们的关怀和极大的尊重。这些作品都是在医院领导的亲自组织下，由广大志愿者动手精心制作的。这所医院的实例告诉人们，医院的运营管理只有通过方方面面的共同努力，才能创造出让患者满意的治疗空间。

（Umesawa）

老龄福利设施

这里所说的老龄福利设施主要是指特别养老院和专门看护老人的保健设施，本节各用一个实例加以介绍。特别养老院是依照“日本老人福利法”的宗旨而建造的福利设施，主要接收因各种困难而不能得到家庭般看护的老人。看护老人的保健设施主要是对患有认知功能障碍的老年人提供特别的照顾，发挥着介于医院和家庭之间的看护功能。从 1986 年开始，日本的老龄保健设施建设开始趋于规范化，在 2000 年日本实施“看护保险法”之后，将过去的老龄保健设施命名为现在的“看护老人保健设施”。1997 年以后，日本采取措施建设集体宿舍，专门收留患有认知功能障碍的患者，将原来大型的特别养老院逐步改建成可供 10 人左右居住并带有食堂的集体住宅；从 2002 年开始，这种单元式的特别养老院的建筑模式在日本全国开始推广并全面实施。2006 年后，日本逐渐采取了多功能、小规模、住宅式的看护方式，为老龄人士提供了类似家庭般的看护环境。

（Nii）

实例 1　特别养老院
涩谷 · 美竹之丘

设计方：梓设计　所在地：东京都涩谷区

东京都的涩谷地区以年轻人追求时尚、引领潮流而闻名日本。在原涩谷小学的旧址上建设的“涩谷 · 美竹之丘”是一所专门接收老龄人士的特别养老院。这所位于城市中心地带的老龄福利设施为中高层的建筑，其建筑面积有 13383m^2。这座复合型的建筑设施自 2005 年开始营业，目前拥有 155 张床位，其内部的各种功能完备、设备良好。

设施内的环境和普通的社区完全一样

这所公共复合性的建筑设施具有看护、健身、用餐等多种功能，可以为老龄人士创造同普通社区里一样的生活环境。基于上述特点，所有入住在其中的老龄人士和工作人员都可以快乐而舒适的生活工作。设施的大门就如同社区的大门一样，宽敞的进门大厅、社区般的室内装饰、统一风格的家具使人感到亲切。尽管设施内用不同的玻璃门将不同的功能区分隔开来，但是能让人感到设施的内部是一个有机的整体。到访此处的家属和附近的居民并不把这所设施当成是专门的老龄福利设施，而将其看成是整个街区的一部分，住在其中的老龄人士也不会产生被隔绝于社会之外的感觉。在这座由玻璃、石材、水泥构成的建筑里，其绿色的墙壁很自然地让使用者联想到植物的色彩，也映照了居住在这所老龄设施内的人们对生活的执着态度。人们透过设施的玻璃可以看到在外面幼儿园里玩耍的孩子们，更能领悟到生命延续不断的自然规律。

始终遵循居住性第一的原则

这所养老院属于城市型的集体住宅建筑。为了能让入住者认同设施里的布局，设施的管理者尽可能地保留入住者原有的生活方式。一直在涩谷地区长期生活的人们不愿意离开熟悉的地方，集体住宅的建筑装饰风格也秉承涩谷地区的传统，让老人们能切身感受到这也是他们熟悉的生活栖息地。养老院从 3 层至 9 层采用了米黄色的内部装饰，而每一楼层又分成了 4 块建筑单元，墙壁上的墙裙也采用了米黄色的色彩装饰，使得内部的装饰色彩保持统一的色调。

集体住宅建筑的外观（美竹之丘）*1

位于设施入口处说明板上告知人们这里曾经是涩谷小学（美竹之丘）*1

不同的建筑单元采用不同色彩的家具（美竹之丘）*1

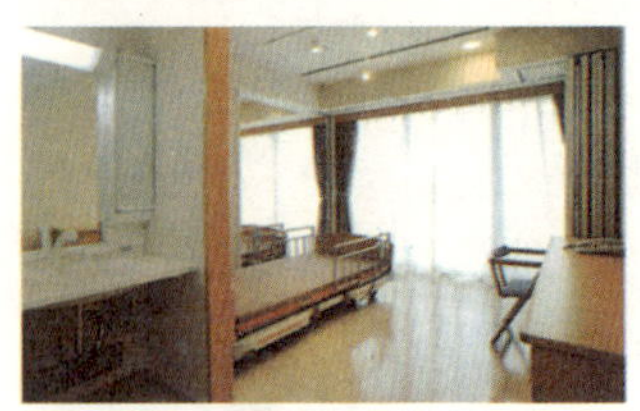

彰显个性的房间设计，人们透过安装的落地窗可以看到涩谷街区的景色。(美竹之丘)*1

*1 摄影：艾斯埃斯东京

为了确保入住者的私密性，设计师对每一个房间进行了凸显个性的室内设计。透过室内的窗户人们可以直接看到涩谷街区的景色，室内的家具、装饰色彩也和周围街区景色相协调。室内的设计做到了公开性和私密性的协调统一。

由于这座养老院是老龄人士的集体住宅建筑，所以安装了很多必要的指示标识。每层的4个建筑单元被分成了A、B、C、D等不同区域，南北分别采用了老人能容易辨认的绿色和橘黄色。在各个单元的入口处的大门，也采用了雅致简洁的风格。由于整座建筑将中央围成了一个院落，因此设施内安装的指示标识有利于老人们识别自己所在的方位。为了便于区别南北不同的方位，在南边一侧还设置了专供老人们休息用的座椅。

内部装饰和家具的基本色彩

设计师在设计家具时要充分考虑到老年人的身体特点，例如座椅的设计就要满足坐着舒适又有利于老年人站立起来。南北不同的建筑单元可以分别选用绿色和红色的座椅，座椅的面料最好是不易沾污渍和不易沾水。这样的座椅可以为淡色调的装饰空间增添明快的色彩。

这所硬件设施完备的老龄福利设施，也为充满朝气的涩谷地区添加了别样的独特风景。

（Umesawa）

实例 2　看护老人的保健设施
锦绣苑

设计方：二井清治建筑研究所　所在地：大阪府大阪市

锦绣苑位于长居公园的马路对面，是一所拥有 100 张床位的看护老人的保健设施。这所设施在 2000 年 3 月开始运营的时候，日本全国还尚未实施“看护保险法”。这所设施的一层被称为“社区平台”，拥有各种活动区和公共浴室，二至四层为疗养层，五层为公共生活区、功能训练室、会议室。

连接不同区域的社区平台

被称为“社区平台”的自由空间，是由大玻璃门构成的开放空间。在这里放置着时尚的欧式红色座椅和沙发，当看护病人的家属在感到身体疲劳时，可以在这里得到休息。这里的茶几全部采用日本的橡木制作，用手触摸后会让人感到和室内空间环境一样的温暖。在平台的一角还设有茶室，人们在这里可以轻松地进行品茶和交流。

这座建筑物入口处的房檐不高，没有其他医疗福利设施那种宏伟的感觉，由玻璃和红砖构成的设施大门以温馨的气息欢迎着所有到访的客人。宽敞的进门大厅同时兼做“社区平台”，大厅内放置着由木材和玻璃制作的书架，上面摆放着有关看护

位于走廊内的谈话空间 *3

并不怎么醒目的建筑设施的外观设计 *2

疗养室的每张病床的旁边都设置有窗户 *2

面向户外道路的社区平台 *2

*2　摄影：娟卷丰
*3　摄影：川澄建筑摄影事务所

知识一类的书籍，入住人员的家属及工作人员可以在这里看书和交谈。书架上的书既可以在这里阅读，也可以借走拿回到房间里看。在看完某本书之后人们要将书籍放回到书架，好让书籍有效地发挥其功能。

可以看到 4 个中间院落中的绿色

由于锦绣苑地处市中心，两侧被高楼所包围，因此设施的采光和绿化就成为设计师所面临的棘手问题。设计师在建筑物围成的 4 个中间院落里，设计了立体式的花坛，在花坛里种植了各种高级的绿色植物。在疗养室的每张病床旁边都设置了窗户，人们透过窗户可以看到食堂、走廊和建筑物内摆放的盆景和盆栽。一般人从外面绝对看不出来这座建筑从上到下、从里到外采用了一体化的绿化设计。

设计师在一层的浴室内还设计了可进行一般洗浴、个别洗浴、特别洗浴的洗浴空间。由于浴室的两侧为两个中间院落，因此人们在洗浴的时候不会感到洗浴空间过于封闭，而且洗浴场所的通风效果良好。这座建筑的顶层平台上种植了盆栽树木，人们甚至可以坐着轮椅来到顶层的平台，进行各种园艺创作。窗户的外面种植着四季都能开放的鲜花，人们置身在这样的福利设施内，能够保持一个愉快的好心情。

木质材料的装饰空间

这座设施的内部采用了家庭化的内部装饰，使用了木质的支柱和横梁，设施内的空间按照人体的规格特点进行布局，墙壁上采用了米黄色的基调并略带红色的色彩进行装饰，窗台上摆放着花盆和饰物，营造出一种温馨的生活氛围。食堂和谈话空间放置着北欧样式的座椅和茶几，旁边摆放着橡木制作的书架，就连挂钟和垃圾箱也是采用统一风格设计的木质制品。

房间的标识采用带有纹理的木材制作，采用了白脸山雀一类的小鸟作为图像标识，并以其色彩作为指示标识的色标。设施门厅处红砖的墙壁上设计了小鸟的图腾，就连顶棚上也安装了下垂的鸟巢，木质的巢箱上也设计了小鸟的图腾。所有这一切的室内装饰，为入住在其中的老龄人士营造了一个快乐而轻松的生活空间。

使用柔软的饰布进行包装

从这座建筑的“社区平台”到浴室的墙壁上，采用了类似

用小鸟作图腾的房间指示标识

布帘和木柱构成的建筑空间 *2

*2 摄影：娟卷丰
*3 摄影：川澄建筑摄影事务所

弧线的造型结构。墙面上用草木色的手织壁毯进行装饰，浴室的门口挂着亚麻制作的门帘，构成了充满大自然色彩、生活气息浓厚的建筑空间。

床边的窗帘多数选用粉红色或黄色、绿色一类的颜色，由于这座设施内的窗帘使用明快色调的单颜色制作，因此和设施内米黄色的装饰色调非常协调。这种朴素的窗帘设计，给人留下了质朴的印象。

这座设施的墙壁采用了明快的色调进行装饰，由于建筑物低层的光照有限，因而低层的光线显得要比高层暗一些。在阳光同样照射的情况下，为了提高低层内部装饰的光亮效果，白天低层需要打开荧光灯，以弥补光线的不足。

（Nii）

残疾人士的福利设施

残疾人士的福利设施可以根据患者身体、智障、精神等残疾的类型，分成各种各样的残疾福利设施。自 20 世纪 60 年代开始到 20 世纪 70 年代，日本对当时被称为“COLONY”的残疾人士的福利设施进行了大规模的清理，解散了很多非标准化建设的设施机构，将残疾人士的福利设施按照不同的地区分布建设。重度的残疾人士可以生活在设施内，而普通的残疾人士则不再安排在设施内居住。设施内设置了可供残疾人士作业的工作室，可以让该地区的残疾人士在设施里从事相应的工作。日本要想实现区域内的残疾人士都做到自食其力，还要解决设施里存在的硬件和软件障碍。这里选择了两个残疾人士作业的福利设施作为实例，给读者们做相应的介绍。

（Nii）

实例 1　智障患者进行作业的福利设施
阳谷故岭

设计方：二井清治建筑研究所　所在地：大阪府大阪市

2002 年开始运营的阳谷故岭是智力障碍患者的保护中心，为该地区的智障患者的家属和亲友送去的社会关怀，也为智障患者创造了一个可以自食其力的工作场所。这座设施位于该地区的中心，设施的一层设有食堂和茶室，二层为智障人士作业的场所，三层是临时陪护患者的家属客房和屋顶菜园。这所设施采用了日本扁柏进行内部装饰，创造了一个光线和色彩都能对患者五大感官产生良好刺激的工作和生活环境。

要消除心中存在的障碍

尽管这所福利设施向附近社区的公众开放，但是附近的居民一般还是不愿意进入残疾人士的福利设施。设施的工作人员要通过自己的工作消除使用者心中存在的紧张情绪，让周围的群众从心里能接收设施存在的现实，使这座设施真正成为对社区开放的公共设施。

这所设施的外观由红砖、混凝土、玻璃构成，建筑物的外观设计非常时尚。人们可以清楚地看到停车场设计布局，停车场内种植着绿色的小草。设施的门厅内也摆放着花盆，里面种植着四季开放的花木，旁边的绿地和围挡之间种植着茉莉一类的植物，设施的墙根上种植着绿色的常青藤。这样的绿色装饰吸引着该地区人们的目光，为了进一步引起该地区的人们对设施的关注和关心，设施内一层的食堂旁边还开设了专门的茶室，可供附近的居民到此品茶聊天。

一切从便于理解和安全的角度出发

为了便于智障患者了解建筑物的内部布局，设施内的房间和走廊的设计从空间一体化的角度出发，采用简洁明了的装饰设计，一旦有意外出现，便于患者顺利地离开险境。

有的残疾人士的福利设施，设置了专门仅供工作人员上下的楼梯，还专门用细绳围出了个区域，严禁其他的人随便进入。这种将普通使用者和工作人员分开的做法，就没有从安全的角度出发，还容易让患者和工作人员之间产生人为的隔阂。基于安全性的考虑，也需要在楼梯间安装照明设备。为了避免顶灯的光线直接照射，可以采用简洁照明的方式。阳光也可以经过间接照射的装饰处理后转变成柔和的淡绿色光源，这样就为患者创造了一个精神放松的生活空间。由于福利设施的顶层一般不常用，所以为了避免患者可能出现什么意外，平时可以将顶层的大门锁住。

对患者的认知有帮助的指示标识

对于接受智障患者的福利设施而言，应尽可能地用黑底白图的图像标识来替代普通的文字标识，以有利于智障患者识别。瑞典目前已经有了统一的图像标识设计标准。日本现在很多残疾人士的福利设施内的房间和电梯间还采用汉字与图像并用的指示标识。如果采用形象的图像标识来编制患者的日程安排表，则更有利于患者的形象记忆。一旦日程安排表确定完成之后，不要轻易地发生变更，否则容易造成患者记忆上的混乱。在日程安排表上，应当明确地标明作业的时间、作业的地点、休息时间、用餐时间等等。用形象的图像标识标注的日程安排表，不仅有利于患者的记忆，也为工作人员指导自己的行动提供了依据。

由顶灯发出的光线间接地照射在墙壁和楼梯上

停车场内种植着绿草，设施的建筑对外开放

食堂旁的茶室

可以灵活组合的作业空间

将残疾人士组织起来进行用装订机装订纸箱的生产作业，这种非重体力的劳动有利于让残疾人士实现其自食其力的目的。管理人员根据不同的作业内容，依照残疾人士的个人能力、适应性、协作性的不同，进行必要的分组组合。放置在二层的作业室家具的高度刚好挡住人的视线，因而不会产生室内空间过分压抑的感觉。这些家具可以进行分组组合，从而满足了人员不断分组的变化。由于残疾人士的工作全是需要个人独立完成，因而其作业的空间也是按照个人的特殊情况进行设定。每个人作业间内的作业台、工作架和房间的地面一样都采用日本的扁柏制造，由于室内的作业空间的家具和地面均采用暖色调的日本扁柏制作，因而重度的智障人士也能感觉到作业环境的温馨。

用木材制作的图像标识

位于屋顶的庭院般的休息场所

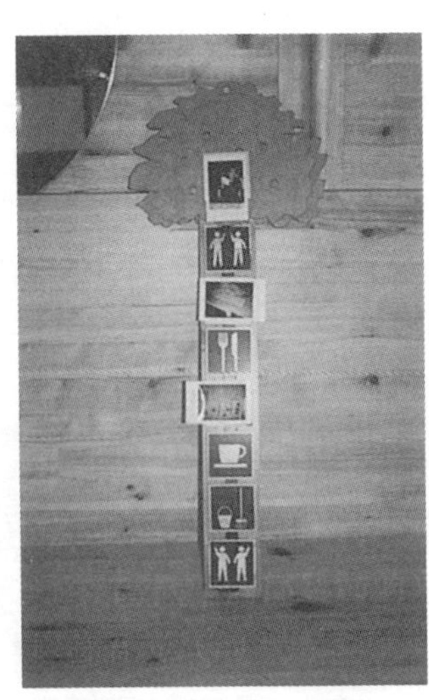
用图像标识编制的日程安排表

实例2　身体残疾的患者・智障患者进行作业的福利设施
里之风

设计方：二井清治建筑研究所　所在地：大阪府八尾市

位于生驹山山脚下的"里之风"，是一所将身体残疾和智障患者组织起来进行作业的福利设施。

这所福利设施满足了投资方的几个主要要求：①该设施既是残疾人士的职业训练场所，同时也是他们日常快乐生活的场所。②设施内能举行音乐会一类的大型活动，可以成为附近社区大人和孩子乐于光顾的活动场所。③残疾人士在设施里主要从事制作西式糕点和西式窗帘的工作。④该建筑为无障碍设施，轮椅患者可以自由地进出和使用该设施。

创造让残疾人士快乐生活的居住场所

在福利设施大门的周边道路两旁开设有餐馆、面包房、手工制作坊。设施内有供人活动的公共空间，周围种植了药草，设置了小河流水的景观，使福利设施成为向当地开放和亲民的建筑空间。

设计师利用设施走廊内的凹室设计了会议室，在朝向院落的方向设置了休息角，使得生活在这所设施的人们丝毫体会不到封闭的感觉，也不会因室内的空间环境而产生紧张的情绪。当工作疲劳想休息的时候或要用餐的时候，人们也可以利用休息角或会议室。

面向周围地区开放的餐馆

附近的居民可以利用设施内的食堂和设备，举行各种音乐会或演出剧或晚会一类的活动。当举行活动的时候，设施内的五个出入口的大门全部打开，设施就成为宽敞而开放的大空间。

利用走廊的凹室修建的会议室 *

对外开放的建筑设施 *

户外平台 *

利用食堂改造的餐馆 *

乳白色的玻璃吊灯、薄纱的窗帘、木本色的座椅营造出一个华丽而时尚的活动空间，置身于这种环境中的人们心情会感到无比的快乐。

西式糕点工作室内放置的用日本扁柏制作的工作台 *

* 摄影：松村芳治

利用木材装饰出安逸的空间环境

尽管这座福利设施应该按照防火建筑的要求进行施工，但是其内部还是采用了很多木材进行室内装饰。在预算允许的范围内，该建筑尽可能多地使用了日本扁柏作为室内装饰的基础材料，就连书架一类的家具也是以日本扁柏为基材的集成材料制作的。由于更衣室是人们早晚频繁进出的场所，所以室内的地板和衣帽柜也是选用日本扁柏作为制作材料。用日本扁柏装饰的室内空间，能让置身在其中的人士精神上感到非常放松。

制作西式糕点的工作室是一个放置了各种厨房冷藏器械的操作空间。如果在靠近洗涤槽的墙面粘贴上华丽的红色瓷砖，地面上铺设陶砖，室内放置着用日本扁柏制作的工作台，那么工作室的装饰氛围将发生很大的改变。

应当采用通用设计的标准，以便于坐轮椅患者能自由出入

为了便于坐轮椅的患者能方便地使用该设施，整座建筑采用了无障碍化的设计。设施内的走廊有足够的宽度可以使坐轮椅的患者顺利通行。设计师从便于轮椅患者使用的角度出发，专门设计了设施内的鞋柜、衣帽柜、储藏柜。为了便于行动不自由的人士辨认空间的位置，设施内不同区域的顶棚高度也不一样，形成了室内高度变化的空间环境。

设施内采用了文字和图像并用的指示标识，同时也设置了盲文的指示标识。为了便于轮椅患者看清指示标识上的文字和图像，设施内安装的所有指示标识的高度距离地面不超过90cm。设施里安装的指示标识采用了日本通用的设计标准。

利用回收的雨水制作小河流水的景观造型

设计师通过对残疾人士日常生活的深入了解，并且借鉴附近的小学校建筑的特点，在这座设施的设计中，从细微之处都体现了社会对残疾人士的理解和关怀。设计师从环保的角度出发，在设施的院落里设计了自动循环的自然生态景观。在院子

的地下设计了回收雨水的储水池，地面安装了溢水管，利用太阳能发电产生的动力启动水泵提水，创造了小河循环流水的景观造型。孩子们看到这样的景观造型，会被深深地吸引住，甚至会在溪水中嬉戏。这种具有环保意义的景观造型，可以让残疾人士体会到人类和环境共生的深刻意义。

（Nii）

儿童福利设施

依照日本的“儿童福利法”建设的儿童福利设施，可以分成保育所、残疾儿童的福利设施、儿童养护设施、支援儿童自立设施等多种类型。儿童福利设施完全不同于读者们已经熟悉的老龄福利设施和残疾人士的福利设施。由于孩子们是社会未来的希望，因此需要全社会共同努力建设好各种儿童福利设施。

（Nii）

实例1　残疾儿童的福利设施
泉（照顾孩子的临时设施）

设计方：二井清治建筑研究所　所在地：大阪府贝冢市

这所设施主要对学龄前的残疾儿童提供必要的看护和治疗，为残疾儿童提供专门的服务。这所设施的一层有五个指导室和游戏室，二层为训练室、事务室、诊疗室，三层是为老龄人士提供服务的临时服务中心。设施主要是接收当地的残疾儿童进行身体的功能训练。为了让到该设施的残疾儿童都有一个类似自己家庭般的感觉，工作人员努力采取多种措施去消除孩子们心中可能会出现的不安情绪。

这所福利设施的外观造型既如同堆积的积木，又好像是散放的音响。设施的正面为红色的屋顶，营造出来类似家庭般的生活氛围，让残疾儿童从外观上能对设施产生良好的印象。

飞雁形状造型的指导室

位于一层的五个孩子们的指导室，平面呈飞雁形状。指导室房间的地面和院子的地面没有任何台阶，孩子们从院子里就可以进入到不同的指导室内。每间指导室平时最多只能接受十名儿童，室内的活动空间并不是十分宽敞。室内顶棚的高度不等，为了避免人在较低的顶棚下产生空间压抑感，因此房间的侧面都设置了窗户，阳光可以直接照射进房间里。吊灯直接安装在顶棚的横梁中央，使室内空间充满了立体感。

指导室内部充满立体感的空间结构

五个指导室都有各自独立的房顶

指导室门口的地面没有设置台阶

游戏室的侧面也安装了门，不论是谁都可以透过门上的玻璃窗户看到室内外的情况。出于对孩子们安全的考虑，门上的玻璃窗都设计了木质的横栅。

指导室的一端放置了一排小柜，当孩子在室内顶棚较低的一侧接受训练的时候，可以借助小桌和小柜直接触摸到顶棚，这也是能让孩子们感到十分兴奋的事情。孩子们进入到室内不会也感到特别压抑，在室内可以透过玻璃缝隙看到室外的情况，指导室是让孩子们身心放松的室内空间。

随着时间的流逝，游戏室内的光线也在发生变化

设计师在对残疾儿童的福利设施进行设计的时候，要从安全的角度出发，避免发生各种可能出现的隐患问题。绝不能让福利设施成为人们心情不好的场所。福利设施在满足基本功能的基础上，要成为给患者的感官产生适度的良好刺激的空间场所。

摆放在游戏室内红色屋顶的小房子

用餐的场所

这座设施内的走廊直接连通着不同的指导室和游戏室。从游戏室的顶棚上顶灯反射出来的柔和灯光使室内呈现为淡蓝色的色彩，使得人们从室外看到原本为木本色的墙壁变成了绿颜色。随着时间的流逝，室内的光线也发生变化，让人深刻地领会到所谓时空一体的概念。

游戏室里还放置了一个红色屋顶的小房子模型。孩子们可以透过小房子上的窗户，窥测到室内的情况。这座小房子也是能给孩子们带来无限欢乐的场所。

用餐的餐桌

在游戏室的一角开设了用餐的场所，摆放在这里的家具经过了特别的设计，即所有的座椅和餐桌都是一个整体。由于孩子们缺乏耐心难以长时间就座，所以采取这样的设计，也是为了让孩子们能顺利地完成用餐。在老龄福利设施内看到的那种U字形餐桌不适合孩子们使用，而这种独特设计的餐桌样式是比较符合孩子们本身的特性。

刺激残疾儿童五大感官的训练室

这座设施的二层，有专门训练并刺激患儿感觉的静养室。在静养室里残疾儿童静卧在水床上一边听着音乐，一边接受感觉刺激。在轻松的训练过程中，孩子们忘记了时间在流逝。设施内的工作人员也可以使用静养室内的设备，使因看护患儿而造成疲劳的身体得以放松，从而工作人员以更充沛的精力看护患儿。目前静养室的作用和保健室的功能基本相当，今后一定会出现新的类型的静养室。

实例 2　儿童养护设施
圣 · 约瑟夫寮

设计方：藤木隆男建筑研究所　所在地：大分县中津市

日本的儿童养护设施收留的是由于各种原因不能和父母一起生活的孩子。过去儿童养护设施接收的多半是因父母双亲过世的孩子，而近年来不断接收的是受到双亲虐待的儿童。2004

年5月圣·约瑟夫寮建成完工，圣·约瑟夫寮分成宿舍楼和管理楼两栋建筑，目前接收15～20名儿童入住。

实现以家为中心的生活空间

打开宿舍楼的格子门就进入到宿舍楼的玄关，再推开玻璃门人们可以看到一个不同寻常的生活空间。食堂位于宿舍楼的中心，和整个宿舍构成了空间一体的建筑结构。这里有类似普通家庭式的厨房，以木质为主体的建筑结构营造了一个温暖而安逸的生活环境，木质的桌子上方垂吊着白炽灯的吊灯，孩子们可以和工作人员围坐在桌子旁一边用餐，一边看电视。幼儿的卧室采用了日本的传统风格进行装饰，日式的床铺高出地面有一层台阶；其他孩子的房间则采用日式和欧式相结合的风格进行装饰，房间内摆放着用饰布包装的杉木架构的沙发，沙发上放置着各种靠垫，整个房间让人产生一种温馨的感觉。

宿舍楼内的厨房每月仅有两次为孩子们制作早餐，平时都是由位于宿舍楼和管理楼之间的中心厨房制作，然后再送到不同的楼里供人们用餐。楼内设置了一般家庭都有的卫生间、洗手间、浴室，长长的过道和不同的房间相连。这座可供20人居住的建筑，具备了一般生活设施内的基本要素，比普通的日本家庭的建筑设施显得更为宽敞。从走廊和食堂及其他生活区域连成了一个整体的设计，到走廊将不同的房间连接在一起的布局，再从室内的装饰材料的选用基本上是天然材料，到餐桌上方安装着照明吊灯，都能体现设计师细致入微的设计风格。

孩子们的居室内布置着大幅的张贴画

年龄稍大的孩子都安排为一个人一个卧室，而年龄较小的孩子们基本上是四人一个卧室。儿童的房间里也放置了卧床、桌子、架子，这些家具一般是用杉木和蒿草制成的人造板制作的。由于这些家具的色彩采用了统一的白色基调，因而使得孩子们的房间显得简洁和明快。孩子们可以在桌子的前面布置了大幅的张贴画，上面装贴宣传画或大幅照片，用来装饰孩子们自己的卧室。

用胶合板制作床板放置的高度都没有超过孩子们腰身的高度，床板都用被褥包裹好，以免孩子们在玩要中碰到家具发生伤害。当孩子们有自己单独的房间开始独居生活的时候，工作人员经常提醒孩子们要注意安全，防止因为磕碰发生意外。工作人员经常会合理地调整好卧床的高度，避免因卧床的高度过高，而房间的高度有限，让人产生压抑的感觉。

通过侧面的楼梯可以登上阁楼

居室的生活空间

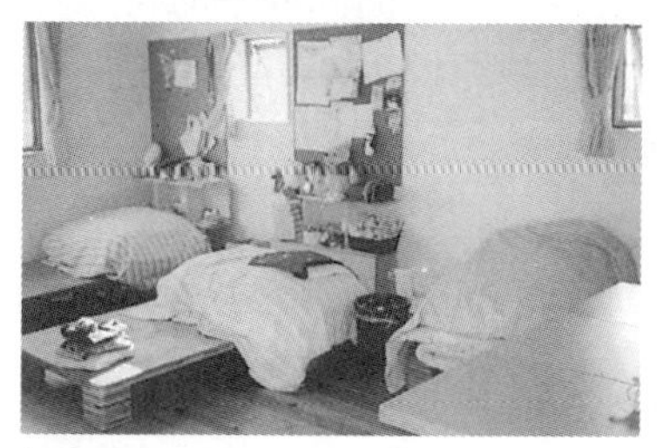

四人的房间

日式的房间，卧床的高度比地面高出一个台阶

作为私密空间的“阁楼”和“密室”

孩子们非常喜欢在房顶一类狭窄空间内进行玩耍。在圣·约瑟夫寮里，也存在着类似的场所，孩子们在自己支配的空间内可以和朋友们尽情地玩耍，不必受到大人们的束缚。沿着圣·约瑟夫寮内的螺旋楼梯往下走，可以到达这座建筑的地下室；而沿着楼梯向上走，人们则可以来到阁楼上眺望周围的景致。地下室的上方设置了采光井，光线可以直接照射到地下室，使人们不再对地下室持灰暗的印象。设施内的这类场所的外面应当安装必要的指示标识，以便能让孩子们顺利地回到自己的房间。

在儿童养护设施的工作人员，要消除设施内存在的空间死角，避免孩子们长时间地脱离自己的监控视线，以防发生不测的事情。由于设施里的工作人员有限，要想照顾好这些孩子们，工作人员需要提高工作的责任心，时刻关注设施内各个居室内发生的情况。

利用建筑物的外廊晾晒被褥

设施内的两间日式的幼儿卧室，均朝向南面的院落。在建筑物的屋檐下有长长的外廊，吊装在外廊上的晾杆平时可以用来晾晒孩子们的被褥。日本传统住宅的屋檐下都设置了宽敞的外廊，人们可以在外廊活动并晾晒衣服。

在这座设施的周围有高低不平的草坪，草坪上还种植着梅树和枹树，空地上还放置着景观石，为孩子们创造了一个风景别致的生活场所。

（Nii）

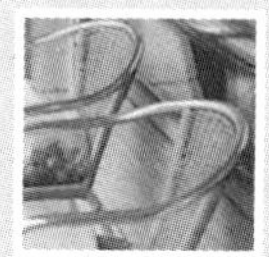

第5章　海外的实例

Ruriko Nii　Hitomi Umesawa

医疗设施

日本的医疗建筑设施在世界上展现了很高的建筑水平。日本的医疗制度完全不同于欧美国家，尽管现在的日本并没有全面引进欧美医疗管理制度，但是日本已经从欧美国家借鉴学习到很多先进的技术和经营管理理念。日本的室内装饰设计思想由于受传统的日本建筑文化的束缚，过于追求建筑和自然的一体化，过分强调使用天然材料和自然的色彩，因而产生了完全不同于欧美国家的装饰技术。由于医院的建筑要考虑交叉感染和消防安全等多种要素，因而室内装饰就要受到各种条件的制约。如何最大限度地发挥医疗设施的各种功能，如何为行动不自由的患者提供舒适的治愈环境，日本需要从很多方面向欧美国家学习更多的东西。

这里给读者介绍的三所医院分别是和城市成为一体的乔治 · 蓬皮杜欧洲医院；大胆应用各种色彩并且在病房内采用日光室的杰潘达瓦医院；能为整个地区提供医疗帮助的大型医疗设施——西伦敦综合诊断中心，这所中心医院既能为大人们提供必要的治疗，也能让孩子们得到及时的救治。

（Umesawa）

实例 1
乔治 · 蓬皮杜欧洲医院
所在地：法国，巴黎

1999 年竣工的乔治 · 蓬皮杜欧洲医院位于巴黎的西南部奥菲斯大街，这所医院拥有 830 张病床，这所医院是在整合了三所医院的基础上发展起来的，其建筑面积达到了 12 万 m^2，其生机勃勃的发展势头令人吃惊。这所达到如此规模的医院是由斯普利纳先生设计的，斯普利纳先生擅长设计英式的足球场，但是对设计如此规模的医院也有其独到的地方。斯普利纳先生在设计这所医院的时候，尽可能地让其体现他的设计思想，随处都可以看到其大胆而新颖的构思。这所医院已经成为巴黎市政府在进行城市规划时不可忽视的重要要素。

与城市一体化的医院大街

这座医院的外壁采用玻璃幕墙式的装饰，而医院的内部空间展现给人们的是充满现代感的明快室内装饰。设计师对医院大门及门厅的周边设计，就如同机场候机大厅一样。乔治·蓬皮杜欧洲医院位于拜库特尔车站和巴拉特车站之间，被称为“医院大街”的街道将东西两个街区连接在一起，成为连接东西街区的公共步行街，这条大街也对附近街区的市民开放。这条公共步行街位于医

将两个车站连接起来并被称为“医院大街”的公共步行街

对前来看病的患者进行分诊的分诊处

明亮的医院进门大厅如同机场的候机大厅一样

类似于图书馆里的综合服务台

院建筑的内部，乔治 · 蓬皮杜欧洲医院这所大型设施丝毫不会让人产生其建筑过于庞大的感觉。医院大门的周围设置了各种咖啡屋、小商店、美容室等服务设施，置身于医院的人们不会产生医院与外界隔绝的印象。患者也可以通过这些服务设施，顺利地进入到医院内部，这些服务设施也是构成医院外部空间的重要要素。本书列举了许多有关日本的医疗福利设施的实例，但是在日本根本找不到整座建筑和城市一体化相关的医疗福利设施的实例。

人们可以在“医院大街”上摆放的咖啡桌旁一边喝着咖啡、一边进行交谈，这种景象和巴黎街头常见的情景没有什么两样。大街的地面上铺着花岗岩的石材，部分地面上还种植着树木、摆放着艺术景观，外人看来以为进入到了图书馆，但是这里只是医院的综合服务台。服务台的旁边确实有一个图书室，透过玻璃窗可以看到里面的书架上放满了各种书籍。由于在医院大街上并没有安装通常医院内都有的各种指示标识，因而大街上的人们也不会出现在别的医院内常看到的那种紧张气氛。这条大街上温暖的装饰色调，让人产生宁静、安闲、平和的感觉。大街上安装的简洁明了的 A、B、C、D 罗马字的指示标识，是表示医院四个不同的分诊处，可以对前来看病的患者进行分诊。位于由两个车站连接起来的医院大街旁的这座都市医院，以其独特的室内装饰给前来就诊的患者留下了极为深刻的印象。

医院的诊室和病房建筑不受传统的思想束缚

人们看到这座医院的病房建筑都知道这是一座复合型的医疗设施。这所医院的分诊室和服务台的装饰布置，就如同银行的服务窗口一样。由于人们在外面可以看清医院的内部格局，因而如何确保患者的病情隐私是医院值得思考的问题。病房走廊的墙壁上使用了铝质的浮雕壁板，也会让病人产生色调过于寒冷的印象。为了弥补这种寒冷色调带来的负面效果，医院的病房、走廊、病区的部分地面上采用红色的条带进行装饰。在通常的情况下红色的装饰容易让人联想到血液的颜色，在医疗设施进行内部装饰时，人们禁忌使用红色的色彩。但是在这里设计师却突发奇想，在征得医院方面认可的情况下，采用红色的装饰以增添医院的色调温度，这是设计师勇于追求、大胆探索的结果。这种色彩装饰可能会对患者产生强烈的色彩刺激，也容易让工作人员产生视觉上的疲劳，作者本人是绝对没有勇气采用这样的色彩设计方案的。如果采用白色 + 银灰色而不使用红色的色彩调配方案，就不会让人联想到流动的血液，也会产生和该城市一样的色彩印象。由于这所医院使用了红色进行色彩装饰，突破了人们在医疗设施的装饰材料色彩概念上的束缚，探索出了一条新的色彩设计思路。

（Umesawa）

实例 2

杰潘达瓦医院

所在地：德国，柏林

1999 年竣工的杰潘达瓦医院位于柏林市区，该医院拥有 355 张病床，地上有七层建筑，而地下只有一层建筑，建筑物的长度为 172m，是一座带有外廊的细长型的建筑设施。这所医院的内部布局合理、功能完备，是快速救治病人的急救型医院。靠近中间院落的是医院的住院部，其一个病区拥有 36 张病床。医疗管理部门的房间紧靠外廊，这样在保证室内明亮度的同时，也能达到快速的救治病人的目的。

带有日光室的病房

这所医院最主要的特点是，所有病房都有一个面向中间院落的被称为“日光室”的户外空间。日光室可以保证病房内随时拥有新鲜的空气，患者不用走到走廊上就能在病房内呼吸到户外的新鲜的空气。由于和旁边的病房没有鲜明的分界，因而如何保证病房内患者的私密性就成为工作人员所面临的问题。但是患者可以随时能观赏到庭院中绿色的景致,病人之间也能经常进行交流。随着季节的变化，照在室内的阳光其角度也在不断发生改变，室内的温度也在不停地变化，工作人员需要及时做出调整。很多医院都想将病房建设成类似宾馆的客房，但是这所医院并不追求病房内的华丽装饰，只是营造类似疗养胜地客房内的明亮效果。病房里采用木质的窗框、木质的百叶窗，明亮的地面材料和淡绿色的室内装饰色彩巧妙地结合在一起。照明灯、护理处置灯、手动操作灯等三位一体的壁灯、座灯和安装在顶棚的顶灯，构成了病房内照明系统，也对入院患者的康复产生了重要的作用。

当天可以出院的手术（即门诊手术）

患者在进行手术的期间需要住院观察，很多患者有可能会产生精神上、肉体上的各种负担。但是如果实施当天就可以出院的手术，患者就很少产生上述的那种紧张的情绪，手术之后的身体康复也快，这种手术被称为“门诊手术”。因此全世界非常需要增加这种“轻型”的当天可以出院的手术。这所医院的候诊室朝向中央的院落，候诊室的装饰如同普通的居室，旁边的恢复室用布帘将不同的病床分隔开来，不会让患者产生与外界完全封闭的印象。病房内放置着四张病床，和普通的宿舍没有太大的区别，为了避免让患者产生过度的紧张情绪，患者可以直接透过手术室的窗户看到户外景色。当患者和工作人员一同步入到手术室内，室内青绿色的色彩装饰容易让患者产生信赖、清洁和适度的紧张感，患者出现紧张的情绪是手术前的正常反应。这所医院的手术室不同于其他医院的手术室，没有采用完全封闭的平面设计，这也是凸显该医院从患者的角度出发，努力追求创新的一个实例。

和周围街区的景观建筑相协调

医院的中间院落为玻璃和钢架构制成的日光室，可以让

连接病房的日光室，如同度假胜地的宾馆一样

进门大厅内的石灰石地面和木质家具

面向中央院落的候诊室，患者在这里等待实施“当天可以出院的手术”

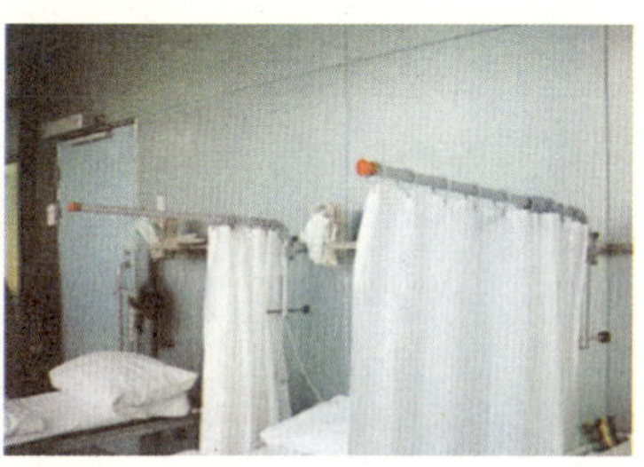

布帘将不同的病床分隔开来，患者在这里等待实施手术

患者在这里采光和眺望院中的景色。由于医院的周围紧邻住宅区，因而医院的正面采用了红砖的墙面，医院的大门也采用了普通的设计，设计师努力做到医院的建筑风格和周围的街区景色协调一致，不让人们对医院的建筑产生一种威严的感觉。当人们步入医院的大门，就可以看到中间院落里的绿色景致。医院石灰石的地面、白色的墙壁、木质家具等自然的色彩，能让患者感到自己如同置身于旁边的学校或是街区的图书馆一样，让患者始终处在一种轻松的气氛之中。

（Umesawa）

实例 3
达拉斯儿童医学中心

所在地：美国，达拉斯

由于日本每年新生儿的数量在不断递增，因此很多医院不再开设儿科，而逐渐建设规模较大的专门儿科医院。位于美国达拉斯的这所儿童综合医院，也在不断地进行改建。由于这所医院收治的病人全部是儿童，因此医院在装饰设计中努力创造让孩子们放松、让家长们放心的治愈环境。这所医学中心内设置了人造的景观模型和相关的机器人，准备了能让孩子们进行操作的各种玩具。这些东西极大地调动了孩子们的兴趣，使得孩子们很愿意到医院看病。孩子们的游戏活动都安排在一层的游戏室进行，这样可以确保其他病区安静有序。医院在进行室内装饰设计的时候，也周密考虑到孩子们的特性。医院根据孩子们的特点，进行了不同的分区布局，这也是儿童医院未来建设发展的一个方向。

用孩子们喜欢的黄色和蓝色装饰室内空间（达拉斯儿童医学中心）

病房里采用了有德克萨斯风情的室内装饰（达拉斯儿童医学中心）

令人舒心的内部装饰和交流用的黑板（奥库斯纳儿童诊所）

能引起孩子们兴趣的人造模型（达拉斯儿童医学中心）

用孩子们喜欢的黄色和蓝色进行色彩装饰

在封闭的空间内选用特定的装饰色彩，例如用孩子们喜欢的黄色和象征天空及海洋的蓝色进行色彩装饰，能营造出让孩子们感到舒心的空间环境。

在这座医学中心病区里使用的色彩除了黄色和蓝色之外，还有紫色。这三种颜色构成了医学中心的基本色调。在医学中心的走廊内，使用的是三相中彩度较高的色彩进行装饰。与之相反并形成鲜明对比的是，在病房内则使用三相中彩度较低的色彩进行装饰，而营造出令人安心、舒适的室内居住空间。医学中心的人造模型、工作人员的服务台、顶棚的照明灯池、长尺寸的壁板和放置在室内的低柜等都采用了奇妙的曲线造型设计，中心内的各种指示标识也同样采用了曲线设计。不同的造型和不同的色彩相互作用，创造了一个柔和、亲切的治愈空间，也会让患儿产生良好的治愈效果。

采用有地域风情特点的图腾作为室内装饰的主题

从中心各个病房都可以看到体现德克萨斯地域风情的室内装饰。孩子们非常认可这样的设计，也容易辨别自己所居住的病房。如果设计师从细微之处进行室内设计规划，就能设计出既能让孩子认可也能让家长们认同的室内空间，这是非常有意义的事情。

（Umesawa）

实例 4
奥库斯纳儿童诊所
所在地：美国，奥库斯纳

令家长们放心的空间环境

奥库斯纳儿童诊所不同于达拉斯儿童医学中心，是一个规模很小的诊所。自然的阳光照射进诊所内高大的空间，室内的装饰以水为主题展开，墙壁上布置着现实主义题材的壁画作品。孩子们置身在这样的治愈环境中，感觉到和大自然是如此的接近，孩子们的心情会变得豁然开朗，有利于增强孩子们的治愈能力。这样让家长放心的空间环境，会使孩子们变得情绪安定。这所儿童诊所适度的明暗兼顾的室内装饰设计，为患儿营造了一个轻松的治愈空间。这所诊所内使用的壁板、家具等物品，基本上采用适合成人的低彩度的色彩调配方案，能让患儿感觉到一种家庭般的氛围。以此为色彩基准设计的家具和图像指示标识，和室内装饰的高彩度的气球形成了鲜明的对比，为患儿们创造了颇具色彩韵律的室内装饰空间。

这个诊所另一个引人注意的是安装在墙壁上的黑板。孩子们可以在黑板上写字、涂鸦，也可以在黑板上向不相识的人表达自己的思想，有利于提高孩子们的创造性。黑板也是孩子们表现其艺术创作的舞台。

（Umesawa）

实例 5
西伦敦综合诊断中心

所在地：英国，伦敦

为了积极推进 NHS（国民保健服务体系），倡导实施当天可以出院的手术即门诊手术，以提高疾病的治疗效率，1999 年竣工的西伦敦综合诊断中心就是实施门诊手术的专门医院。这所医院是所小型的医院，其地面建筑为二层，建筑面积为 $8400m^2$，是一所体现全科概念的医疗设施。室内的装饰设计也集中反映了全科治疗的理念。

白色的室内装饰不会让人产生寒冷的感觉

这所医院的正面采用醒目的咖啡色进行装饰，人们进入到大门内，宽阔的进门大厅形成类似天井的空间给人以明亮的印象，人们可以直接看到顶层的顶棚，心情也会感到相对的轻松。人们透过玻璃门和玻璃窗可以看到户外的景色，但是户外的喧哗的声音则完全被隔断开来。尽管这所医院位于伦敦治安不太好的地区，周围已经有一些历史悠久的医院和古老的街道，但是这所都市型医院的确有一流的治疗效率。人们置身于这所医院中，并不会产生封闭的感觉。从中央的顶灯发出的光线将室内的白色装饰反射出异样的色彩，给人一种与众不同的印象。

处于轻松氛围之中的医院内的咖啡厅

尽管人们一直呼吁医院避免采用白色的色彩装饰，以改变人们心目中对医院所持的寒冷印象。但是该医院依然采用白色的色彩装饰，但是给人的感觉却大不相同，让人产生一种新鲜的印象。这所医院尽量使用自然光源，但其在进行空间设计

自然光照射在医院的壁板上，如同展出的画廊一样

大型的数字指示标识给人以通用和柔和的印象

多彩的壁板营造出来的带有色彩韵律的空间环境

的同时也进行色彩设计，所以产生了现在这样的色彩效果。这所医院采用低彩度设计的家具，走廊内壁画的色彩也不突出，实施和普通家庭相当的色彩调配方案。不仅医院的一层采用这样的色彩布局，整个医院也都是实施这样的色彩装饰理念。医院的地面采用明度不高的蓝色色彩进行装饰，这样容易让患者保持平稳的心态并且有利于其身体康复。室内摆放的低柜一类的家具，使得室内的空间显得更加的豁亮。这所医院安装的彩色壁板、白色艺术壁板，增添了室内空间的生机和活力。但是医院内采用不同形状的造型装饰和其内部的色彩设计方案，目前还没有完全做到协调匹配，还需要设计师继续完善设计，创造出时尚并体现艺术特色的室内装饰。这所医院经常听取附近居民的意见，并举行相应的研讨会，使医院一直能延续良好的工作状态。要使医院更好地为患者提供高质量的服务，不仅要靠附近居民的帮助和支持，也要靠工作人员的努力工作，并借鉴别人先进的经验，提高自身的运营管理的水平。

设计标识是室内装饰设计的内容之一

任何美丽的装饰空间内都不能缺少包括各种垂吊标识、诱导标识等在内的指示标识设计。这所医院出于其所在街区的考虑，设计了用 5 种文字表达的指示标识，并且在医院的不同区域内安装了用数字指示的标识。由于医院在不同的时间里分别有不同的科室诊疗，如果用文字来表达诊疗科室的名称，会有很多人看不懂文字标识。因而这所医院内设置了数字标识，并且采用通用的标识指示，这样医院既解决了指示问题，又起到了很好的效果。但是这所医院内采用的灰底白字的数字和图像指示标识，由于其色差不太明显，因而其可视效果并不十分突出。为了能让患者从远处看清指示标识，标识上的数字尺寸最好还应再大一些，并且应尽可能地采用简单的图形，这样指示标识发挥的效果会更好。如果标识能发挥其应有的作用，也会减轻患者心中所持的对医院的畏惧感，实现温馨的就诊环境。在设计标识时，设计师要尽可能地做到空间、色彩、艺术性的平衡一致。要像西伦敦综合诊断中心那样，将标识设计当成室内装饰设计的一部分进行统筹考虑。

（Umesawa）

老龄福利设施

瑞典自1992年开始老龄福利制度的改革，逐步实现由各地方政府所属地实施照顾老年人的工作，对于入住在老龄福利设施内的人士实施“看护型的居住”模式。瑞典不再实施全部由老龄福利设施机构统一照顾老人生活的管理方式，全面推进家庭看护型的养老模式。但是在没有安装电梯的古老的集体宿舍内居住的老龄人士，往往也怀着不安的心情，不知道他们要在这样的住宅中继续生活多久，希望政府能为他们创造一个安全、安心的新的生活环境。这里将通过三个实例为读者介绍老年人在新型住宅里的生活模式。

第一个实例给读者介绍在集体宿舍中老年人进行集体生活的模式，在这里老年人在自己的住宅中进行生活并得到细致的照顾，并且一起共用集体宿舍中的活动室和食堂。第二个实例给读者介绍的是患有认知功能障碍的老龄患者居住的集体住宅。第三个实例给读者介绍的是老人们自己进行规划建设的适合老龄人士共同生活的集体建筑。

（Nii）

实例 1　集体生活模式

特罗尔杰哥德

所在地：瑞典，埃斯鲁布

1996 年完工的这所集体宿舍位于一片宁静的住宅区内，有 71 位老人分成了 6 组在此共同生活。户外是大片的绿地和流淌的小溪，自然的景致环绕着这座建筑。这座只有二层的红砖建筑，其房顶的颜色和红砖颜色一样，但是其三角形造型的墙壁和白色的窗框能给人留下很深的印象。坐着轮椅的老人可以自由地进出这座建筑的平台进行园艺创作，也可以使用园林机械若无其事地修整园中的杂草。所有的入住人员都要签订相应的租赁合同，除了需要支付房租和膳食费之外，还要支付一定的护理费用。

分组进行生活

一般分组的人数为 8 ~ 14 人，每个组共用一个厨房和餐厅。由于每个组内的成员其个人的情况和爱好基本接近，因此可以共同使用公用的空间，不至于产生过多的矛盾和纠纷。

生活在这里的老龄人士所分成的 6 个组之中，有 2 个组全部是患有认知功能障碍的老龄患者，每组的人数相应其他的组的人数要少，这些患者也会受到特别的照顾。这所住宅将认知功能障碍的患者和普通的老龄人士分开进行生活，但是在由市属住宅改造建成的老人集体住宅中，认知功能障碍的患者和普通的老龄人士是混在一起进行集体生活的。如果同一地区的老龄人士过去彼此熟悉，那么安排在一起生活并且也能相互提供帮助，这样的安排也是完全可行的。

走廊的室内装饰设计应避免让人产生过于单调的印象

设计师在对走廊进行装饰设计的时候，应当考虑到两侧的居室布局，避免让人产生走廊过于封闭的印象。如果走廊和居室采用十字形的平面布局，可以减少走廊过于狭长的印象，创造一个完全迥异的室内空间布局。并且可以利用墙壁凹凸的结构特性，改变墙壁上单调的色彩配置。在居室的入口处，设置能放置物品的小架并用小饰品作装饰，再在墙上设置烛台并在旁边放置低柜，墙上挂上绘画艺术作品，营造出类似家庭般的生活氛围。（见本书第 22 页的图片）

红墙建筑和绿色草坪构成时尚的景观效果

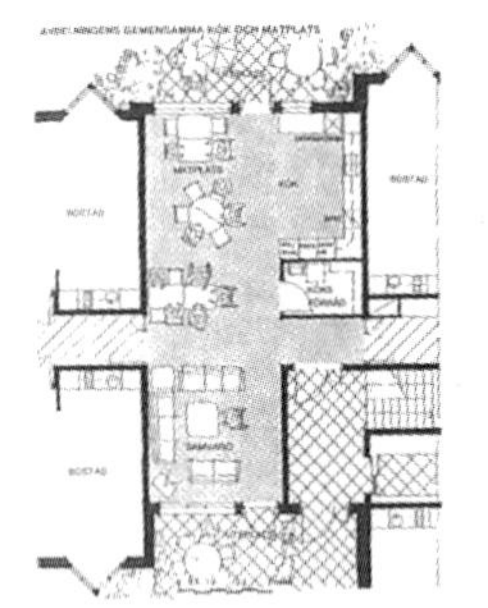

平面设计图，可以清晰看到厨房、餐厅、起居室的平面布局

彰显个性的居室空间

尽管居室内仅有一间房间，但是从入口处看不到紧贴着墙壁的卧床和厨房。居室内还设有卫生间，里面安装了洗脸和洗澡的设备。小型厨房的吊顶和操作台设计得十分紧凑，橱柜和电冰箱设计成为一个整体。坐轮椅的患者也可以方便地使用厨房的洗菜池，厨房操作台的台面设置了升降装

三角形造型的墙面

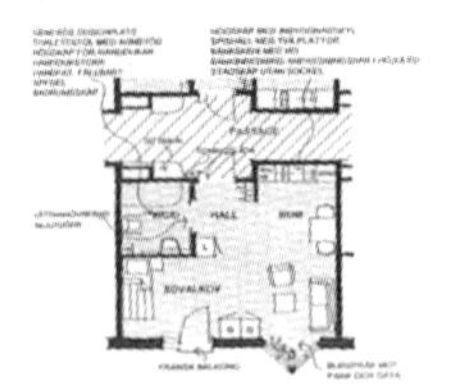

居室的平面设计图

置，可以上下调节操作台的高度。

如果参观老人们平时生活的居室，首先进入人们视线的是会客空间内放置的三人沙发，地面上铺着地毯。一旁的柜子上面放着叙述主人家庭历史的数张照片。在靠近厨房的空间里，在餐桌的旁边摆放着四把座椅。主人可以坐在安乐椅上，透过窗户欣赏到户外院子中的景色。铺在床上美丽的床罩和白色的沙发、窗帘上的白色绦带以及装饰在墙上的绘画、壁毯，都体现着主人高雅的兴趣爱好。

这里居室单元内的家具、窗帘、照明器具都是入住的老龄人士自己从家中带来的。这种体现个性的做法，目的是让这些多年伴随着老人们生活的器具和家具继续延续其历史，陪伴老人们走完其最后的旅程。

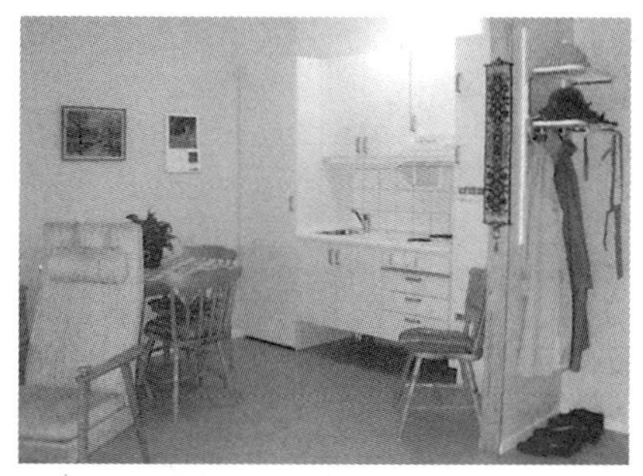

左边为居室单元内的厨房，右边为门厅

居室单元内的会客空间

附近的人们也可以借用设施内的食堂餐厅

和谐的色彩调配

这里居室单元里的桌子上如果放置着开着黄色花朵的花盆和黄色的纸巾，则配以木色的座椅和薄荷绿的窗帘，构成了和谐的室内色彩空间。如果居室单元采用蓝色的座椅、蓝色的窗帘、蓝色的书架,那么其他的器具和小件则以另一色彩与之相配，努力使居室单元成为协调的色彩空间。

色彩调配和室内建筑也有一定的关系。如果卫生间墙壁上粘贴了苔绿色的瓷砖，则可以选用绿色的淋浴座椅。如果粘贴的是蓝色的瓷砖，安装的是蓝条纹的浴缸，则可以选用蓝色的浴缸座椅。这座设施里所有居室单元中卫生间使用的家具颜色和卫生间的墙面瓷砖颜色相同，这样的色彩调配给作者留下了非常深刻的印象。

附近的人们可以借用食堂餐厅

生活在附近的居民平时可以借用这座建筑内的食堂餐厅和健身房。食堂餐厅内放置着桌子和座椅，恰好可以成为人们进行谈话时的家具。为了不妨碍进出设施的自动门的开启，设施内放置的大型盆栽观赏植物和自动门保持有足够的距离。

人们在食堂餐厅用餐采用自助的方式，人们根据自身的喜好将自己喜欢的菜肴放到盘子中，然后再拿到餐桌上用餐。由于食堂餐厅可以对外开放，平时可以同自己一组的老人们一起用餐。在家属和朋友到来的时候，又可以同亲朋好友到公共的空间里用餐。由于设施平时对外开放，附近的居民也可以借用设施内的相关设备和场所，因而使作为公共资源的老龄福利设施发挥了更多的社会功能。

住在集体宿舍的老人们可以得到社会的照顾，并能在一起过着集体生活。这种离开自己居住的住宅来到集体住宅生活的模式，非常适合独自生活的老人，在这里可以让其有一个安心生活的居住环境。

（Nii）

实例 2　患有认知功能障碍的老龄人士的集体住宅
赛尔修斯格坦
所在地：瑞典，马尔默市

20 世纪 80 年代初期瑞典率先尝试建设集体住宅，供患有认知功能障碍的老龄人士入住，统一实施关怀照顾，并取得了良好的效果。从 1985 年开始，瑞典全国开始全面建设这种类型的集体住宅。由于瑞典政府每年都投入大量的经费，加快了集体住宅的建设速度，因而使得其规模和居住环境也在不断发生改变。

早期的集体住宅的建设标准是每建筑单元供 6 位老人居住，居室的建筑和普通住宅基本相同，使用面积约 $45m^2$，居室内除了卧室之外，还有一个客厅。在每个建筑单元的标准面积内，政府不允许建设两个建筑单元。但是由于要求入住和需要看护的老人数量不断增加，为了避免在小的建筑单元内容易造成老人们的情绪波动，因此将现有的养老院改建成多单元的集体住宅。1992 年瑞典老龄福利制度进行了改革，政府不再为建设这种集体住宅提供资助。随着患有认知功能障碍的老龄人士数目不断增加，在原来的一个建筑单元内可以看到有 12 位老人居住的现象。

这里给读者介绍的这所集体住宅位于瑞典的马尔默市，是

1999年建成的专门接收患有认知功能障碍的老人入住的集体住宅，目前入住的老龄人士共计有40位。

所有入住的老人都需要支付房屋的租金，养老金不多的老人尽管可以得到政府的住宅补助，但是每月每位老人还需要支付1300克朗的生活费用。平时设施内有专门的工作人员，白天每层楼配备了两名工作人员，到了晚上整座集体住宅只安排两名工作人员进行值班。

每层楼再分成4个独立的单元

这座集体住宅为四层的建筑，每层楼分4个建筑单元共住着10位老人。建筑物屋顶的阁楼设置了工作人员更衣室、会议室、储藏室。每层楼为扇形的平面布局，在公共空间的两侧分别为5个居室单元，扇形的扇把位置设置了楼梯间和电梯房，其他的公共空间为公用的起居室、餐厅和厨房。这种平面紧凑的布局结构，给作者留下了非常深刻的印象。

为了降低设施的运用管理成本，减少老龄福利设施内的工作人员的数量在瑞典已经成为一种趋势。如何发挥好公共福利设施的各项功能，提高工作人员的工作效率，这对建筑师提出了更高、更难的要求。这座设施内的公用空间和走廊连接着不同的居室单元，为了便于工作人员能及时确认老人们所在的位置，洗衣房等场所的大门采用了玻璃门的设计。由于夜里整座四层大楼只有两位工作人员值班，为了便于及时看清各楼层的情况，所以各楼层楼梯间的大门也设计成了玻璃门。

不同的单元采用不同的设计

为了提高设施管理的效率，确保设施的可居住性，设施里的管理人员做了大量的细致工作。不论是谁只要步入这座建筑的大门，首先进入视野的是多彩的窗帘和舒适的沙发，公用空间内的家庭般的厨房和餐桌，窗边放置的花盆和地上的绒毯，都能让到此参观的客人感觉到一种温馨的居住氛围。这座设施每层公用的起居室及餐厅的面积约有 60m^2，和瑞典其他类似的设施相比，就显得狭窄了很多。公用空间采用了明快的色彩装饰，不同居室单元的窗帘、家具的装饰也各不相同。为了确保不同单元的色彩调配平衡，工作人员的意见决定了最终的结果。

在起居室的外面还设置了平台。平台上可以放置椅子和桌子，支上遮阳的太阳伞，或者搭上凉棚，老人们可以在平台上尽情地享受户外的生活气息。

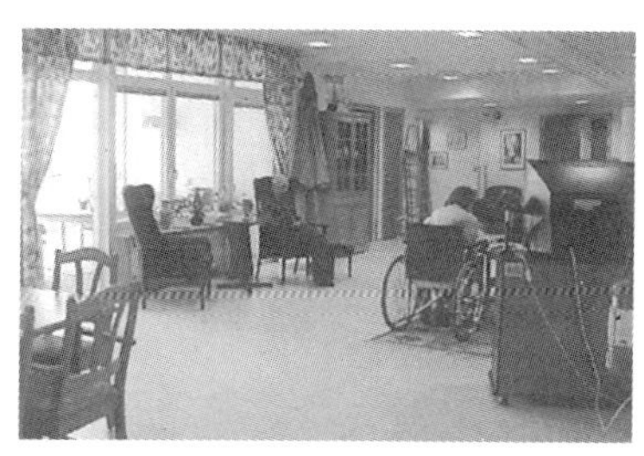
起居室采用了不同的室内装饰

每个楼层为可供 10 人居住的集体住宅

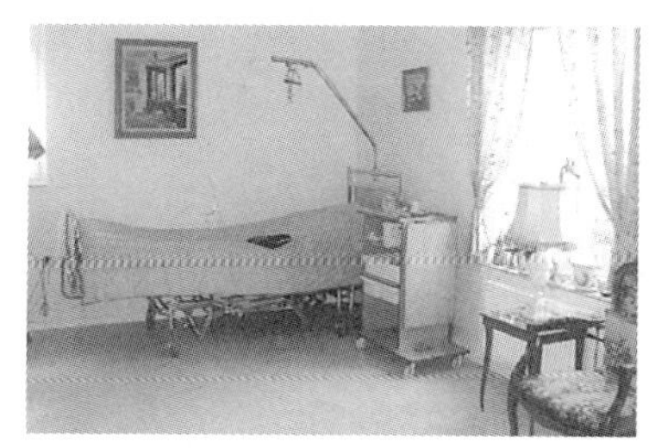
居室窗户上的美丽装饰

起居室连接着不同的居室单元

用自己带来的家具装饰居住的房间

老人们自己居住的居室单元内装饰着不同的窗帘、灯具、盆栽，老人们可以躺在床上透过旁边的窗户看到外面的景色。放置在公共空间内的家具尽管其设计简单，但是其样式非常时尚。而老人们居室内的家具都是老人们长年使用的家具，尽管家具的样式非常传统，但是这样的家具放在老人的居室内，能让老人产生这是“自己的家”的感觉。居室内照明的器具、床上的被套、绘画的作品、地毯等不同的装饰布置，会使人感到不同的生活氛围。

每个居室单元居住着一位老人，每个居室单元内还设置了带有淋浴设施的卫生间，并配置了微型厨房，一个居室单元的使用面积有 31m^2。相对来说瑞典整体的居室面积都非常大。为了能让居室内放置老人自己已经习惯了的家具，在福利设施里开始新的生活，福利设施的居室面积最少也应达到这样的面积。

设施内的工作人员要提高安全的意识，要随时修理设备类似不能淋浴等出现的各种问题，也要及时检查各楼层入口处的电动门开闭情况，以免出现各类安全的事故。

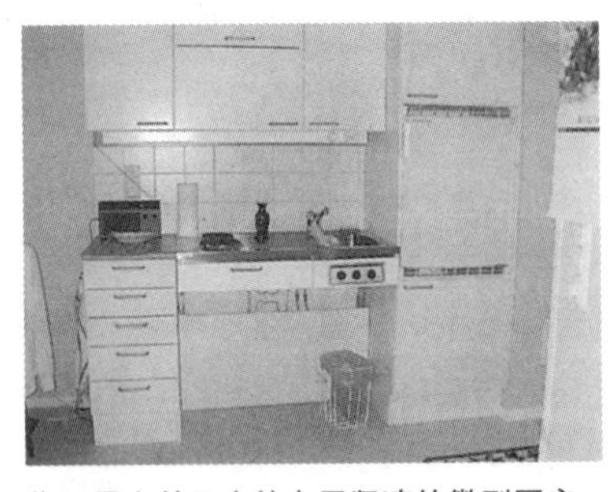

位于居室单元内的布局紧凑的微型厨房

作为临终关怀的场所

这座福利设施刚刚开始营业不到 3 个月，先后就有 5 位老人在这里辞世而去。值得在此重申的是老龄福利设施机构不是延长老人生命的治疗场所。这几位辞世的老人在入住的时候已经完全不能用嘴进食，那么死亡也自然成为不可避免的事情。这里为老人们准备了各式躺椅和能让老人借助扶手站立起来的扶手椅，老人们可以在这里安闲地进行生活。这座为老人们度过最后的时光的福利设施，能为老人们提供必要的临终关怀和最后的服务。

（Nii）

实例 3　老龄人士的集体建筑
缪莱帕甘 · 波菲莱斯基布

所在地：丹麦，奥胡斯市

在阪神 · 淡路大地震之后，日本也出现了引人注目的新型老人居住模式即老龄人士的集体建筑。在这种集体居住的建筑内，老人们各自有独立的居住单元，但是建筑内又设有公用的食堂和厨房，入住在这座建筑中的老年人既可以自己做饭单独就餐，也可以和别人共同使用公用设施一同用餐。这是一种可以确保每个人生活空间的私密性而让老龄人士安心居住的一种集体住宅模式。这种现象最早出现在北欧地区，当孩子们很小的时候，往往是母子或父子这样的单亲家庭到此居住。这种设施可以为因工作忙的家庭提供膳食，因而减轻各自的家庭负担，孩子们在一起也不会感到非常的寂寞。

缪莱帕甘 · 波菲莱斯基布是入住在这里的老龄人士，出于对自己未来生活的安排设计出来的一种老年生活模式。这座建筑位于丹麦奥胡斯市近郊有着田园风光的地方，居住在这个地区的一些戏剧工作者为了自己即将开始的人生第三阶段，经过相互反复地协商并请专人设计了这座建筑。居住在这里的老龄人士和外界并不隔绝，并且积极参与各种社会活动。由于老人们生活在这样一个集体中，彼此可以相互照应，可以长时间地在这里安心地进行晚年生活。老人们首先集体通过住宅合作社的形式向市政府购买了土地，28 户全部采用借贷的方式筹措资金，最终完成了这座建筑的建设。入住在这座建筑的老龄人士实行自主运营管理的模式，从开始构想到最后竣工前后共花费了 5 年的时间，这座建筑于 1994 年交付竣工。

中央院落将各住户连接在一起

这座建筑中央院落类似一个天井，顶部为全玻璃的顶棚，各家门口种植着各季开放的鲜花，有的还在自家的门口挂上了鸟笼。户外放置着座椅和桌子，架子上放置着报纸和杂志，老人们可以坐在一起共度时光。

由于北欧的冬季十分漫长，这样的天井空间宛如一个温室。老人们可以在院子里种植各种观赏植物，也可以坐在椅子上看书聊天。当夏季到来的时候，顶棚上的玻璃窗可以自动地打开，将天井内的热量完全释放出去。

供单身居住的居室单元和夫妇合居的居室单元

这座建筑中有单身人士居住的一居室单元共计 20 套，夫妇合居的两居室单元为 8 套。在这里生活的老龄人士的平均年龄为 73 岁，其中单身女士为 17 人，单身男士为 3 人，另有 8 对为夫妇。居住在这里的老人都能自己独立地生活，平时不需要特别的照顾。如果一旦有额外的需求时，也会请专门的人员前来帮助。每个居室单元都是由门厅、卫生间（可以洗浴）、厨房、起居室、卧室等构成。在单身居住的单元内，也放置了一张可以供六人同时用餐的餐桌，老人随时可以高兴地召集自己的朋友一同前来用餐。

在公用空间内可以举行各种各样的活动

可以在各居室单元的外面即天井里举行各种公共活动。木质的框架支撑着斜面的顶棚，透过玻璃顶棚的阳光将白色的墙壁映照成金黄色，天井在北欧的阳光照射下，烘托出明亮、清洁、温暖的空间气氛。天井内除了设置有公共的食堂和厨房之外，还放置了很多大型的桌子和许多座椅，并配备了电视、钢琴、音响等设备。公共厨房的设计简洁而实用，不锈钢台面的下面配置了各种可放置厨具和餐具的架子。这个厨房可供入住在这里的一半住户（36 人的一半即 18 人）同时在这里备餐。如果当天在公共厨房里需要做饭的人数为 18 人，则可以自由组合成四组，其中的一组约 3 ～ 4 人决定当日的菜谱，并一起驱车上街买菜。对于体质较弱的人士，可以不参加膳食的制作，直接和大家一同就餐。老人们可以在公共空间内举行类似游戏、桥牌、新闻发布、合唱等各种各样的活动。在圣诞节的时候，各位老人可以拿着自己制作的菜肴参加晚餐会。在这座建筑中除了上述的公共设施和设备之外，还设有一套客房、洗衣房、储藏室等公用设施。

在此生活的老人拥有相同的爱好

这座建筑的周围有森林和小溪，老人们既可以在此建造鸡舍养鸡，也可以在地里种菜。在这里生活的老龄人士尽管彼此之间没有什么地缘和血缘的关系，但是彼此都拥有共同的爱好，老人们在一起可以相互帮助、共同生活。

清洁明亮的公用空间

日本现在已经整体地步入到老龄化社会，如果人们通过自愿组合的方式在一起进行生活，就跳出了传统的生活方式，探索出一种彼此帮助、相互照顾的新型生活模式。如果老人们和生活在儿童看护设施里的孩子们一同生活，也会对患有认知功能障碍的老龄患者带来很大的帮助。

（Nii）

居室单元门口的平台，墙壁上还挂着鸟笼

阳光透过顶棚的玻璃照射到天井内

居室单元的门口摆放着各种盆栽植物

居室单元的内部

残疾人士的设施

瑞典在 1986 年制定了新的“智障人士福利法”，原有的接收智障人士的福利设施被逐步解散。现在包括重度的智障者在内的残疾人士被分布在各自所在的地区，居住在自己的住宅或集体住宅当中。

这里给读者介绍的一例是丹麦被称为“海尔沙共同生活体”的集体住宅，专门接收智障人士；另外两例是瑞典的接受身体多重残疾的残疾人士的临时中心和集体住宅。

（Nii）

实例 1　智障人士的集体住宅
海尔沙共同生活体

所在地：丹麦，奥胡斯市

在被田园风光所包围的农场里，有一个智障患者和健全人共同生活的“海尔沙共同生活体”。在宽阔的农场一角可以看到一排有着不规则房顶的建筑，这就是被称为“海尔沙共同生活体”的福利设施。

根据休塔伊纳的共同体思想，出资人向当地购买建设集体住宅的土地，建设了这座“海尔沙”集体住宅。希望这座集体住宅能逐渐扩大到周围的农场，最后实现接收 200 人入住的目标。该农场的有机农业闻名于当地。

专家们对该项目进行了先期论证，并经过 10 年的长期准备，1996 年终于在丹麦率先实现了休塔伊纳的理想，建成了这座集体住宅。在建设这所建筑的时候，休塔伊纳不断地和当地的人们进行交流并传播这种理念，得到了当地人们的认可。由于这所建筑起到了很好的社会示范效果，因而得到县、市、国家等各级政府的嘉奖。

关于休塔伊纳

休塔伊纳是一位著名的思想家，深受法国建筑师鲁 · 科尔比杰的影响，休塔伊纳有很多体现其设计思想的建筑。休塔伊纳认为：如果在一个场所内，身体健全的人和智障患者能像家庭般一样的生活，并且能在一起共同工作，那么在不远的将来就能解决困扰人们多年的智障患者的社会福利问题。基于这样的一种思想，休塔伊纳提出了建设这种集体住宅的必要性，并且专门著书出版宣传这一理念。如果读者对此感兴趣的话，请一定拜读休塔伊纳的这部论著。

流线造型的建筑物外观

这座接收智障患者的集体住宅为平房建筑，建筑物白色的窗框和茶色的外墙墙壁形成了鲜明的色彩对比，夸张的房檐造型和太阳能电池板的房顶结构都能给人留下非常时尚的印象。由于居住在集体住宅的人员不断发生流动，因此休塔伊纳从“建筑物的造型要和其功能相符”的理念出发，设计了这座流线造型的建筑。人们无论从何种角度来审视这座建筑，都能感受到其生机勃勃的旺盛生命力。

这座建筑物的中央设置了厨房、食堂、起居室，而在其向外张开的两翼是由不同的居室单元构成。由直线造型构成了这座建筑的公共空间，而不同弧度的曲线造型构成了各个居室空间。人们置身在不同的房间内都可以从多种角度欣赏到户外自然的景致。这座建筑物中的曲面结构的走廊墙壁，六边形的居室空间和八边形的大厅造型，倾斜的顶棚构造和不规则的房顶，

太阳能电池板的屋顶设计给人留下非常时尚的印象

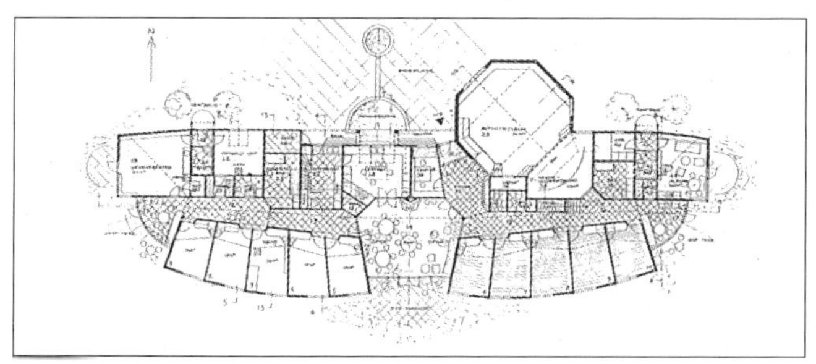

设施的平面图

都让人感受到设计师所要体现的流动、立体的设计思想。这座造型独特的建筑给人留下了深刻的印象。

集体生活和单独生活

这座建筑的中央放置了一座芬兰式的炉子，既可以用来取暖也可以用来烤制面包。一面大幅的壁毯从顶棚一直可以拖到地面，覆盖了整面的墙壁。椭圆形木质餐桌上的淡蓝色桌布和沙发上的红色套子都给人留下了朴素的感觉。由于安装在顶棚上的顶灯不能照亮室内的各个角落，因而从位于餐桌上方且从顶棚上垂挂下来的吊灯、放置沙发旁边的落地灯、墙边桌子上的座灯可以一起弥补顶灯不足的光线。

人们平时既可以在建筑物的中央大厅进行集体活动，也可以在两侧各自的房间内单独生活。一个人单独生活和大家集体生活是完全不同的情景，但是这座建筑用于单独生活的空间设计得过大，让人产生过分奢华的印象。

休塔伊纳的色彩方案

休塔伊纳在这座建筑中采用了独特的色彩设计，卧室的墙壁会泛出淡淡的红色，起居室则采用栗黄色的色调，而走廊却使用青绿的色彩。这种渗透了淡色调的色彩设计，给人一种安闲和宁静的印象。除此之外，休塔伊纳在室内的色彩方案中还采用了深蓝、浅蓝、紫色的颜色，让人们的日常生活处在被冷暖色调包围的氛围之中。

附近居民可以借用这座建筑的中央大厅来举办各种活动，大厅的顶棚及墙壁采用了类似新生儿皮肤的紫红色进行装饰，让人产生一种完全是暖色调的空间印象。

纯生态的环保材料

在海尔沙建筑中大量使用了原生态的环保材料。墙壁上没有使用通常所见的带有塑料薄膜的绝热材料，而是采用了便于空气流通的红砖和木材一类的天然材料。平时主要用炉子取暖，必要时也使用太阳能和天然气作为取暖的热源。

日本多年来一直呼吁建筑与环境共生存，非常重视在房屋建筑的建设中和日常生活中如何用好原生态的环保材料。海尔沙建筑创造了一个与地球环境一体化的生活空间模式，让生活在其中的人们感到无比的舒心。

（Nii）

实例 2　多重残疾的残疾人士的临时中心
沙菲兰

所在地：瑞典，马尔默市

沙菲兰是一个供多重残疾的残疾人士活动的中心。位于瑞典南部的马尔默市，坐落在城市西部毗邻海岸的一个高级住宅区里。这座 1995 年竣工的福利设施，是由地方政府和社会团体出资建设的。这座设施主要是接收身体活动不自由的人士，兼有临时性和长期性康复训练的功能。从设计到施工的各个阶段，设计师广泛听取了多方人士的意见和建议，才建成今天这样的建筑。

这座设施的进门大厅非常宽阔，顺着楼梯走上二层，可以看到沿中心的两侧分布着大小不等的房间。对于视力不好的人士而言，其对声音的反射效果要比常人的感觉更为敏感，他们可以根据声音对不同高度的顶棚和不同面积的房间内的反射效果，来确定自己所处的空间位置。也可以通过自身对所踩地面的触觉，来判断使用频率较高的食堂地面材料和其他场所地面材料存在的差异，来确定自己所在的场所。

专家指导下的色彩设计方案

由于不同的色彩会对人们产生不同的心理效果，因而设计师在专家的指导下完成了这座建筑的色彩设计方案。建筑物走廊的墙壁采用了具有吸引力的黄色的色彩装饰，地面和墙壁、墙壁和房门的色彩则采用了鲜明的色彩对比方案。由于绿色容易使人们的注意集中，因而在功能训练室和卫生间采用了以绿色为主的装饰。浴室则使用了粉色的色彩装饰，可以让人产生一种温暖的感觉。

房间内放置着专用的垫子

为了让重度的残疾人士在设施内愉快地训练，功能训练室采用了多彩的室内装饰方案。从顶棚上垂吊下来的橘黄色布带吊环和醒目的红色窗框形成了鲜明的色彩对比。室内放置了木质的单人床和水床，并且配备的红、黄、蓝、绿等多彩的垫子。这些垫子都是每人专用的，工作人员在放置垫子的墙壁上粘贴着和垫子同样颜色的纸条，上面写着不同使用者的姓名，以避免拿错垫子。

北欧的福利设施内设置了用来临时存放东西的各种柜子，每个房间里都可以看到用胶合板制作的不同颜色的存放柜，人们可以往里面放置自己的衣物，以保证室内环境的整洁。

对感觉能产生良好刺激效果的室内装饰

在沙菲兰建筑设施中，采用了能对五大感官产生良好刺激、激发人体功能的室内装饰设计。在进门大厅的墙壁上，采用从附近海域拾到的贝壳、砂石、木条等材料进行装饰，能让人产生特别的联想。放置在门厅旁边的人们用来整理衣冠的穿衣镜，墙壁上触摸起来感到柔软的壁毯，一碰就能发出美妙声音的风铃，这些随处可见的装饰布置，它们的声音、触感、色彩、气味都能对人的感官产生强烈的刺激效果。

在设施走廊的墙壁旁放置着不同寻常的六个箱子。这六个箱子分别对应着六个不同的主题即听觉、触觉、视觉、味觉、季节、颜色。打开标示着“听觉”主题箱子的箱门，里面放着八音盒、CD 唱片、录音机等；标示着“触觉”的箱子里面放置一碰就能振动的布包；标示着“味觉”的箱子里面放着糖果；标示着“视觉”的箱子里面放着不同的视觉风景等等（见本书第 234 页的照片）。这些箱子的箱门为玻璃门，人们可以透过玻璃门看清箱子里究竟放置着什么东西。箱子的球形和四角形的门把手，也能体现设计师的细致周到之处。工作人员每个月都会更换放置在箱子里的东西，残疾人士往往会怀着急切的心情等待揭开箱中的“谜底”，其实这也属于设计师进行的室内设计的一个范畴。

沙菲兰建筑设施的外观

室内多彩的窗帘和布玩具

不同的房间会对感觉产生不同的刺激效果

一个训练设施内会有很多大小不一的房间，房间的设备能对人的感觉产生良好的刺激。在笔者的拙著《智障患者的福利设施之装饰设计》（彰国社出版）一书中，曾经有过详细的描述。这里选用该书中的两个房间实例介绍给读者（见本书第 226 页的照片）。

在“天国之屋”的门口，布置着用羽毛制作的装饰，起到了指示标识的作用。整个房间采用白色进行装饰。在房间的里面放置着一张水床，水床上铺着长羊毛的床罩。在顶棚上不仅悬挂着下垂的玻璃珠，也垂吊着好似天使一样的偶人。房间内还放置着被称为“巴布尔查布”的装置，这是一个里面充满了水的玻璃圆柱，当开关打开的时候，从圆柱的上下部就会有气泡产生，并且圆柱内部的灯也被点亮，而且气泡也会发生红、黄、蓝的色彩变化。如果启动安装在装置里的磁带，那么随着音乐的节奏，气泡也会随之发生运动。这种光色的变化、气泡的声响以及触摸圆柱的感觉都会让患者的身心随之发生振动。“天国之屋”为患者营造了一个轻松变幻的魔幻世界。

“太阳之屋”的地面、墙壁、顶棚采用了橘黄、黄、红、蓝的色彩装饰，为患者创造了多彩并充满生机的空间环境。室内铺着树脂地毯，播放着带有韵律感的音乐。在顶棚上安装了升降装置，对于身体行动不自由的残疾人士，可以在房间里上下自由移动。

另外还有好似夜幕笼罩下的“月亮之屋”，放置了电动玩具的“劳动之屋”等等。各种不同的房间布置可以对残疾患者产生不同的感官刺激，室内装饰和艺术融为一体的空间环境，可以对残疾人士的身心产生良好的刺激效果，人们期待着创造更多类似的空间环境。

（Nii）

实例 3　多重残疾的残疾人士集体住宅

艾莱拜蒙特

所在地：瑞典，马尔默市

1986 年当地政府和社会团体出资建立了被称为“学生之家”的集体住宅，这座建筑位于住宅小区的一角，拥有一座很大的院落。这座只有一层的建筑沿走廊对称分成两个功能区。一个功能区为管理部门所在的区域，包含了各类办公室、仓库等房间。另一个区域主要为居住区，包含了起居室、食堂、厨房、男女卫生间，还有每个面积为 10 个榻榻米大小的不同居室单元。

工作人员将平时住在学校的患者分为两组，一组为 8 ~ 25 岁的男女患者共 4 人，另一组为 26 ~ 35 岁的男女患者共 4 人。由于这些均是多重残疾的重度残疾人士，每天从早上到晚上工作人员都要不停地从事扫除、洗涤、购买物品等各项工作，还要对这些患者给予特别的医疗照顾，因此这里的工作人员几乎都变成了准护理师。

外出之前先在门厅整理衣冠

进入到这个设施之后，可以看到其门厅装饰得井井有条。整个门厅的面积很大，地面上没有任何台阶，放置在门厅的衣架上面贴着一个个带着照片的标识，架子上挂着上衣、围巾、帽子、手套等外出时的衣物。旁边还有长凳和穿衣镜，所有想要外出的人们在此整理衣冠之后，然后再从容地出门。

艾莱拜蒙特建筑物的外观

人们在外出之前，首先在门厅里整理衣冠

体现个性的室内装饰

少女居住的房间墙面采用

栗黄色的色彩装饰，地面上铺设了绿色的地毯，窗户上采用了胭脂色的窗帘。由于少女患者自己不能站立起来，因而房间内设置便于少女患者支撑身体的椅子和各种辅助器具。房间内还放置了为前来探望的家属和孩子们准备的座椅和桌子。

隔壁男子的房间墙壁采用白色的色彩装饰，屋内放置了黑色的家具，窗户为暗色调的百叶窗，床罩和椅子则选用白色的色彩。窗边上摆放着银色的花盆，靠近床头的墙壁上张贴着描绘骏马奔腾的绘画艺术作品。

不论什么房间内粘贴的壁纸和放置的照明器具，都是根据房间居住者的爱好而确定的（见本书第 235 页的照片）。当房间的入住者发生变化的时候，房间的装饰布置也必定发生改变。就是居住者没有发生变更，但是由于其年龄在不断增长，其兴趣也会逐渐发生改变。当地方政府和社会团体出资购入室内装饰用品的时候，房间的居住者会在家属或工作人员的陪伴下到相应的商店去选购自己满意的商品。在当事者认可的情况下，工作人员才决定购买所需样式的室内装饰用品。瑞典有喜欢使用旧式家具的传统，但对于年轻患者而言，还是愿意选用价廉物美的家具，使自己居住的室内空间能获得比较满意的装饰效果。

在居室内营造类似大海一样的空间氛围

残疾患者平时要在居室空间内度过很长的时光。在患者的居室内摆放着松木架构的沙发和桌子，放置着盛放物品的货架。卧床的上方是从顶棚上垂吊下来的蛇形布艺，花格图案的床罩罩住了整个卧床，构成了略带有幽默味道的就寝空间。

喜爱大海的患者在居室的一角布置类似海洋般的装饰，一张从顶棚贴着墙壁直达地面的大幅饰布上，绘制了岛屿、帆船、浮云等图案，并绘制了在大海中游弋的章鱼、海星等其他鱼类。居室的地面铺着地毯，从顶棚上垂吊下来并可以用手触摸的小饰物，构成了对五大感官能产生良好刺激的空间环境。患者可以一起在居室内观看电视，共度时光。如果在居室的地面铺上地毯和各种垫子，这里就成为训练体操的场所。患者在就寝之前的时间内，可以进行各种各样的活动。

轻松的日常生活环境

在两组共用的公共居室内，显得空间比较狭窄。室内放置了水床，门厅安装了穿衣镜，顶棚上安装了可以垂吊下来的小球和风铃，房间内还放置了可以播放音乐的设备。尽管这里的装饰布置和前面所述的沙菲兰设施相比，相对比较简单，但是这些装饰布置也能够对五大感官产生良好的刺激效果，是一个使患者精神得到放松的空间环境。

从瑞典残疾人士的居室装饰中可以看到，标准化的意识已经渗透到其生活的很多方面。日本目前在普通的居室单元中还没有上述的装饰设计，日本有必要重新研讨并认识对残疾人士居室空间的装饰问题。

（Nii）

丰富的色彩和对五大感官产生良好刺激的室内装饰

海尔沙共同生活体

单独生活的居室空间

宽敞的居室空间

娱乐室的空间装饰

居室

沙菲兰

打开“味觉”之箱的箱门，里面放着糖果

打开“季节”之箱的箱门，里面放着雪景的模型

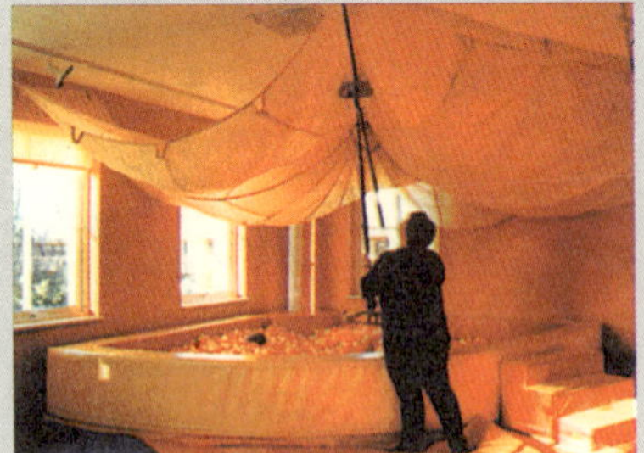
太阳之屋

天国之屋

艾莱拜蒙特

从居室装饰的壁纸到家具的色彩及样式，都要符合居住者的个性要求。随着年龄的变化，居住者对样式的需求也会逐渐发生改变

两组共用的公共居室

居室内以大海为主题的室内装饰

儿童福利设施

说起海外福利设施，读者已经对老龄福利设施有了初步的了解，但是儿童福利设施究竟是怎样的情况呢？这里选取了英国的情绪障碍儿童的治疗设施、瑞典的接受残疾儿童的学校、丹麦的紧急保护设施内的儿童居室单元三个实例介绍给读者。

实例 1　情绪障碍儿童的治疗设施
玛鲁贝利普休学校

所在地：英国，斯坦德莱库

从奥库斯福德市出发驱车约 30 分钟就可以到达名为斯坦德莱库的村庄，这里有一座 1948 年建立的福利设施。这座设施专门接收情绪受到伤害的儿童，孩子们在这里生活、接受教育，并且得到专门的治疗。

学校的建筑围成了一个中央院落，建筑物的一层为学校，二层为宿舍，可以接受 10 名儿童入住。但是由于有情绪问题的孩子数目不断增多，因此学校和有关方面将临近的旧建筑也改建成了四套家庭般的宿舍。目前设施内有 5 ~ 12 岁的男女儿童 36 名，加上 90 位工作人员在此一同共同生活。

玛鲁贝利普休学校的外观

学校为孩子们创造安心的生活空间

学校将孩子们编为三个班，编班的原则不是根据孩子们的年龄大小，而是按照他们的知识水平。平时主要采用游戏疗法的治疗方式，随着时间的流逝，孩子们学习的内容也会不断地增加。到三年以后，孩子们在这里的学业也就结束了。在教室课堂内放置的都是低矮的家具，平时上课的时候可以举行各种各样的活动。教室里面既布置了类似森林的装饰布景，也准备了各种垫子。学校平时采取以教育和治疗并用的训练模式。

在学校的一角有一间被称为“夏哈德”的房间，专门接收癫痫发作的孩子。为了避免因一个孩子的癫痫发作，造成大多数的孩子产生心理不安的状况，所以设置了这个房间。这所居室的面积只有 6 张榻榻米的大小，室内以蓝色调为主，墙壁上绘制着大海一般的景色。居室内既摆放了沙发还有一个微型的厨房。

自己选择床罩的样式

孩子们生活在类似家庭般的单元内，一套单元有 9 名孩子生活在一起，每个孩子都有自己独立的居室。在孩子们入住该设施之前，工作人员会事先访问孩子及其监护人，确认孩子喜欢使用什么样式的床罩和枕套。当孩子入住的时候，就会发现自己的新的居室内已经布置好自己喜欢的床罩，可以减少孩子们因居住场所变更而产生的不安情绪。这种尽可能地满足孩子意愿的做法，最大限度地减轻了孩子的紧张情绪，值得大家学习和借鉴。

从孩子的房间的环境变化，可以观察到孩子的心态变化

通过观察孩子们的居室环境，可以看出孩子们正处于何种情绪状态之中，并以此来决定对孩子关怀照顾的等级。这所设施的这种做法给笔者留下了深刻的印象。

当孩子刚刚入校的时候，其行动可能充满了攻击性。孩子有可能扯断居室内的窗帘，撕破墙上的海报，将室内的装饰全部破坏掉。因而在这类孩子的居室内，尽可能放置小型的家具和箱子，墙壁上方也要开设用于观察的窗口。为了避免孩子跳到窗户外面，窗户应当用金属栏杆固定。

当参观入校已有一年的孩子们的居室时，没有看到任何破坏的现象。室内的衣柜和桌子摆放整齐，墙壁上张贴着各种海报。

当参观到即将毕业的孩子们的居室房间的时候，室内的卧床、桌子、衣柜收拾得十分整洁，墙壁上不但张贴有海报还有各种小饰物，被套和窗帘的色彩及图案也非常协调。可以看到这些孩子的居室装饰和普通的同龄孩子的居室装饰基本相同。

由于学校要及时修理被破坏的房间，因此需要配有专业的人士。学校设立专门的部门，每天清理孩子们的房间，并且有四个人专门修理房间内被孩子损坏的东西。由于有这样一种福利体制，因而社会能为患有情绪障碍的孩子们提供必要的关怀。

两个完全不一样的公用空间

在一楼门厅的旁边，有一个放置了电视机的公用空间。在

刚刚入住学校的孩子的居室

在学校居住已有一年的孩子的居室

居室内配置了沙发和垫子

临近毕业的孩子的居室

学校班级教室里的森林布景

被称为“说悄悄话的房间”

学校里为了让孩子情绪稳定并被称为“夏哈德”的房间

房间的一角有一片高出地面一个台阶的平台，设施的工作人员常在这里举行各种会议。在公用空间准备了各种坐垫，生活在设施里的人们常用坐垫来占好地方，以确保在看电视的时候能有一个理想的位置。日本的福利设施内也有可供几十人活动的公用空间，平时并不摆放更多的家具，只是在电视机的前面放置了沙发，在距离设施入口处不远的地方，还设有读书的场所，其地面也高出地面一个台阶。尽管人们经常在公用空间里活动，但是彼此并不互相干扰。

在二层利用人字形的顶棚建设了一个面积不大的公用开放空间，并且命名为“说悄悄话的房间”。室内薄荷绿的墙面上，贴满了孩子用红、黄、蓝等颜色绘制的小小绘画作品。房间借用了设施的人字形屋顶结构，其中一面的屋顶用深蓝色的色彩装饰，上面绘制了闪烁的星星；另一面的屋顶为浅蓝色的色彩装饰，上面绘制了浮云和气球，整个房间的室内空间环境如同一幅绘画艺术作品。

福利设施的室内装饰是对患者实施环境疗法的重要手段，日本应当积极借鉴其他国家的成功经验。

（Nii）

实例 2　残障儿童的特别训练学校
斯德杰拉斯库兰
所在地：瑞典，马尔默市

在马尔默市东部有一所 2001 年 8 月成立的特别训练学校，这所学校位于一所普通小学的一角，是专门从事综合教育的训练学校。这所学校接受了 11 位 7 ～ 11 岁患有多重残疾的重度残疾儿童。学校根据孩子们的病症和年龄的不同，将孩子们编成了三个不同的班级，并且对他们实施包括用餐在内的全部看护。每个班级配备了一位教师和两位助理。

这座建筑物内有三个班级教室、工作人员办公室、休养室、计算机机房、卫生间（带有淋浴设备），走廊大厅将这些房间连接在一起。另外地下一层还有储藏间和训练房。

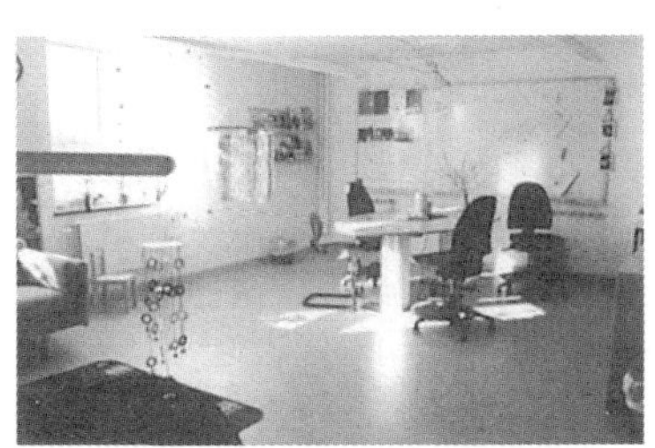
学生和老师一同使用放在教室内的桌子

和居室环境一样的教室

人们说起“学校”，马上会联想到四四方方的教室内放着整齐的桌椅，但是斯德杰拉斯库兰完全给人一种另类的学校印象。这所学校的教室中央放置了一张大型的圆桌，在教室的一角还配置了一个现代化的厨房。教室的窗户采用了白色、黑色、茶色等花纹相间的窗帘装饰，窗户的旁边还放置了盆栽等观赏植物，教室内还摆放了沙发和存放东西的木质柜子，就和家庭居室的空间环境完全一样。

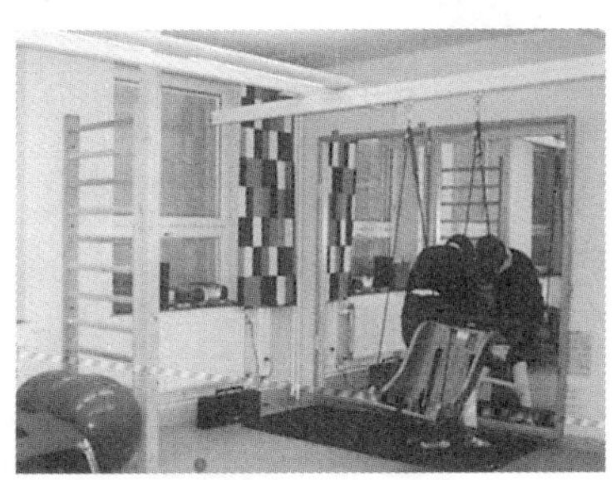
舒适的技能训练室

走廊大厅连接着教室，走廊大厅内陈列着各种各样的教材

教室内安装了带有木框的告示板和白板，摆放着木质的架子和柜子，营造出一种温暖

的生活氛围。

尽管现在日本的学校建筑相比过去已经有了很大的改观，但是总体上还是不太重视教室的室内装饰，教室一如既往地采用传统的箱式设计，里面有煞风景地凌乱地摆满了学生各类的教材，在日本很难寻找到这样充满家庭氛围装饰的教室，和瑞典相比真是两个极端。在瑞典孩子从小就生活在这样充满温暖的空间环境当中，受到良好的装饰理念的熏陶，对装饰的内涵当然就有不同的理解了。

进行刺激五大感官的活动

作者参观的这天早上，教师及其助手三人和两名学生在教室里围着圆桌而坐，一起唱着快乐的歌曲。当唱完歌曲之后，教师首先举起放在桌上的小箱子哗啦哗啦地摇晃，然后从中取出一张字条，上面写着“燃烧”。于是教师划着了火柴，点燃的火柴发出“啪啪”燃烧的声响，孩子屏住呼吸静静地观看燃烧的现象。当火柴完全燃烧完毕之后，教师双手一拍说了句：“好了”，并开始讲授关于声音、光线、火药、气味等相互关系的课程。

这里的每一个教室，都进行和刺激感官相关的教学活动，教室里始终洋溢着欢乐的气氛。有的教室安装着从顶棚上垂吊下来的圆形衣架，这种用细绳捆扎的圆形衣架上晾着多彩的布衣、海绵、缎子、毛线、塑料等物品。身体活动不自由的残疾儿童可以借助电动轮椅自己亲手去触摸这些东西，从孩子们的脸上可以看到成功后绽开的笑容。教室里的玻璃窗擦拭得十分明亮，孩子们在教室内高兴地进行太阳光的反射实验。从教室的顶棚上还垂吊着用木材制作的粉红色星星的小饰物，在这里随处可见类似的室内装饰。

工作人员办公室的室内装饰

这里不仅教室和走廊有多彩的装饰，就是工作人员办公室的室内空间装饰也显得非常和谐。办公室木质的书架上摆放着各种书籍和多彩的文件夹，给人一种干净而整洁的印象。办公室内除了每人都配备有写字台之外，还有一张供四人就坐的桌子，窗户边上放置着盆栽等观赏植物并配有非常时尚的窗帘。

普通年级的孩子也可以使用训练室

在这所学校的地下一层有一个训练室，其面积为 20 个榻榻米的大小。由于训练室的内部为白色的色彩装饰，所以人们也将训练室称为“白房子”。室内放置了存有温水的水床，水床上面还安装了带有光纤的光带。当启动光带之后，随着声响可以发出红色、蓝色交替变幻的光线。从顶棚上垂吊着玻璃珠，光线反射的室内空间景象全部映照在玻璃珠上。孩子们一边在此训练，一边相互交流，欢快的音乐、芳香的气味等室内装饰刺激着孩子们的感官。这里的残疾儿童非常欢迎普通年级的孩子也一起使用训练室。日本也应当尝试让普通的孩子到福利设施内和残疾儿

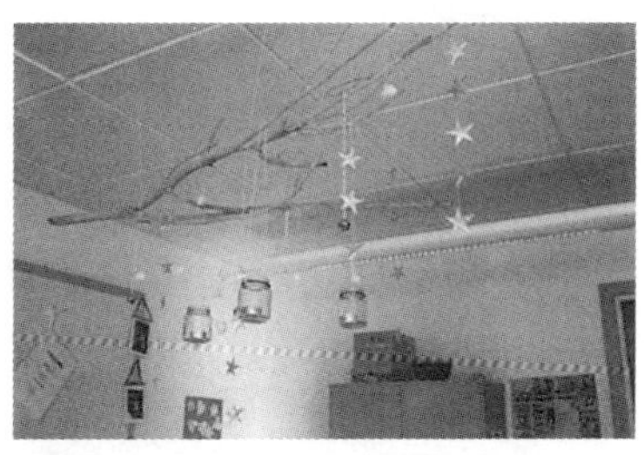

教室内垂吊着木质的小饰物

工作人员办公室内温馨的装饰

童一起活动，这样不分年级的做法也有利于提高残疾儿童的适应能力。

（Nii）

实例 3　紧急保护设施

库里斯桑特赖特 · 格巴哥顿

所在地：丹麦，哥本哈根

在哥本哈根市内有一座四层的建筑，该建筑一层为市立的保育所，二层和三层为宿舍，四层为住宿者的公用空间和办公室。二层以上的各层被用作紧急保护设施。

由儿童养护福利设施改建的紧急保护设施

1977 年建成的这座建筑当初是被用作儿童养护福利设施。当初设施内设置了 5 个居室单元和一个公用空间，并配有厨房、浴室、卫生间等设施。在日本这种被称为“居室单元式”的福利设施内，为每一位年龄稍大的儿童配备了单独的卧室。丹麦 1986 年实施了新的福利服务法规，开始推行以领养为中心的福利政策，福利设施不再接收需要救助的儿童入住，改变了过去由福利设施进行照顾的管理模式。从此之后，该设施仅接收因为临时没有住所的个人及其家庭入住，逐渐演变成为紧急保护设施。

得到临时救助的人员在此只能居住 3 ~ 6 个月的时间，并且在此期间自己一定要到外面去寻找能长期居住的场所。在此居住的多是前来避难的难民或是全家想来丹麦的移民，最多的时候曾经有来自 19 个国家和地区的人士同时在此居住。

这座设施的主要作用是为需要救助的人士提供紧急的帮助，

并且提供临时的栖身之所。如果需要救助的人员中有儿童的话，则会被列为优先考虑需要提供帮助的对象。

普通的居室空间和舒适的公用空间

这座设施中有一居室的单元 11 套，里面带有厨房和卫生间；二居室的 3 套，同样带有厨房和卫生间；五居室的有 3 套；另外还有在紧急情况下才能使用的两套单元。居室单元内放置着普通家庭必备的餐桌、沙发和卧床，除此之外居室单元内再没有其他的家具了。采用这样简单的居室布置，也是为了让居住者早日走出设施开始新的生活。

但是设施的四层为居住人员提供了一个明亮而宽阔的公用活动空间，这里安装了现代化的厨房设备并摆放着各种高档的家具。桌子的上方安装了一盏吊灯，房间内垂吊着各种红色的小饰物，营造出一种轻松和谐的生活氛围。当举行公共活动的时候，人们可以直接来到屋顶的平台上。每逢夏季到来的时候，人们在平台上经常举行烧烤一类的活动。

重视工作人员的工作环境

虽然工作人员办公室里的装饰要稍逊于公用空间的环境，但要远远好于居室单元内的装饰布置。这座设施的负责人曾经明确地告诉作者："我们的政策就是要为员工创造良好的工作

库里斯桑特赖特 · 格巴哥顿建筑物的外观

宽敞明亮的公用活动空间

办公室里舒适的空间环境

环境”，这句话给作者本人留下了非常深刻的印象。很多国家的福利设施内的工作人员都面临着许多相同问题：工作强度高，工作难度大，希望能得到各方面人士的理解。为工作人员创造良好的工作环境，是减轻他们心理负担、缓解心理压力的一种很好的做法。

每间办公室有两位工作人员，每人有一个宽大的写字台，写字台的上面放置了电脑，靠墙的书架上整齐地码放着各种书籍。从顶棚上垂吊着吊灯等照明器具，房间内还摆放着观赏植物，墙壁上装饰着绘画艺术作品。房间的一角放置着藤制的沙发，沙发上有红色的坐垫。工作人员可以和其他的人坐在沙发上进行交谈，使人处在平和、安闲的气氛之中（见本书第 76 页的照片）。

在孩子们的活动室里实施心理治疗

特别值得一提的是设施的三层设立的“孩子们的活动室”。凡是在设施里生活的未满 18 岁的孩子均可以在此活动，由曾经在大学研究生院教育心理学专业学习过的工作人员，在这里为在恶劣环境中成长的孩子们进行必要的心理辅导。

沿着三层灰暗的走廊走到尽头，就是“孩子们的活动室”。

打开活动室的大门一看，里面大厅的墙面上全部是红色的色彩装饰，里面放置着各种布艺玩具和皮球，让人感到仿佛到达了另一个华丽的世界。大厅的中央有大小不一的房间，最大的房间内放置着一张大型的桌子，边上摆放着根据孩子的身体尺寸可以进行调整的座椅，旁边还有专供孩子们使用的厨房和存放物品及衣服的柜子。衣柜中准备了各式多彩的服装，孩子可以身着各式衣服举行化装舞会。工作人员这时会仔细观察孩子们的状态，分析孩子们的心理活动。在放置木偶人和布艺玩具的房间里，还放置各种褥垫、坐垫和积木，并备有沙袋和蹦床，随时可以将该房间变成运动的场地。

大厅两侧的小房间里放置了书架，上面摆放着红色的手提

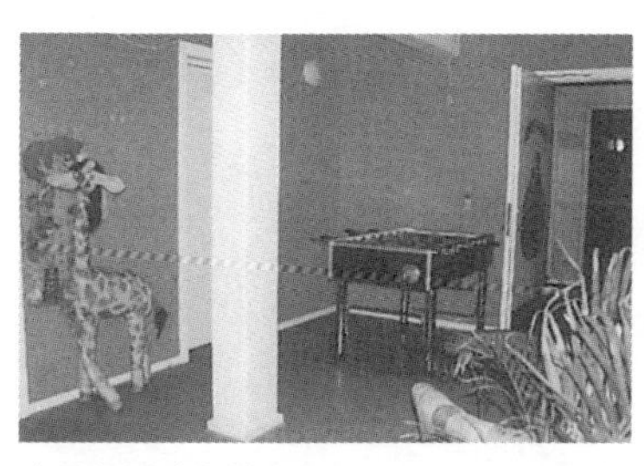

孩子们活动室的大厅

孩子们做游戏时使用的衣柜和厨房设施

位于活动室中央的房间

孩子们做游戏时使用的各种服装

箱。每一个在此居住的孩子们在入住的时候，都会得到工作人员送给他们的这个手提箱。孩子会在箱子里存放其认为非常重要的东西，然后锁上。孩子们在设施内绘制了各种各样的绘画作品，这些绝对是独一无二的作品。当他们离开设施的时候，也会带走这些创作。工作人员会以箱子内的“宝物”为话题，和孩子们进行交流。通过交谈，工作人员会仔细观察孩子们的行为举止，分析孩子们的心理活动，给予孩子必要的心理治疗。

孩子们的活动室每周开放两次。家长也可以借用此处为孩子们举行生日晚会或者是圣诞晚会。

尽管日本在儿童谈话所里也设立了临时保护儿童的紧急设施，但是还应当在设施内为孩子们提供类似“孩子们的活动室”的这种场地，给孩子创造一个尽情欢乐的空间环境。

（Nii）

结束语

十五年前，笔者本人曾经作为一名国家公务员在政府部门任职。之后辞职回家专门相夫教子，并且在丈夫的设计事务所里从事一些辅助性的工作。先生经营的设计事务所主要从事高档住宅、高级医疗中心的设计业务。本人曾经有幸参观过精神病专科医院，在医院内看到的情景令本人内心十分沉重。在空旷的病房内，随意摆放着折叠桌和钢管椅，患有认知功能障碍的老人们茫然地伫立在屋里……日本早已进入到现代化的社会，而精神病院的老人们这种截然不同的生活状况令本人惊愕不已。为了让每一个人都能享受到社会的福利，获得高品质的生活质量，在这样一种崇高使命的驱使下，使得本人有了新的努力方向。本人和先生商量："我们如果今后在接到类似老龄福利设施的项目的时候，一定要做出高水平的设计方案。"从那时开始，笔者开始学习和老龄福利设施相关的基本知识。

本人开始考察以北欧地区为代表的社会福利先进的国家，寻找日本的福利设施中所存在的不足和差距。通过考察，作者本人感受到了巨大的文化冲击。作者所到之处，设施内看到的都是非常舒适的居住环境，绝不是什么奢华的居住空间。居室内阳光明媚，户外是绿色宜人，窗边为多彩窗帘，给人如同家庭般的温暖感觉……

笔者在回国的飞机上一直思索着：再也不能去设计过去那

种模式的医疗设施了，一定要设计出不论是谁都愿意居住的福利设施来，一定会成功的！

回国之后，事务所恰好就接到了某所老龄保健设施项目的设计任务。本人在这个项目中尽可能地吸收并采用北欧国家的先进经验，进口适合在日本福利设施内使用的家具。根据日本的法规，进口窗帘的合同受到了限制。笔者调查了所有日本生产窗帘的制造商的产品目录，令人失望的是没有找到类似北欧地区那样的窗帘产品。

不久以后，笔者受邀参加残疾儿童福利设施的设计工作。笔者参观了日本一些公立的残疾儿童福利设施，这些设施外观上和其他的儿童设施没有什么区别，设施内的色彩设计和家具尺寸也没有结合孩子们的实际情况。在参观老龄福利设施的时候，如果不是看到建筑物的正面外墙上的“老龄设施”的标志牌，作者还以为进入到一栋普通的建筑呢。这种不考虑使用者的身份就进行设计的做法，不由得让本人从心底里感到愤怒。

2003 年，笔者有幸受邀到京都教育大学进行专题讲座，讲座的题目就是“医疗福利设施的室内装饰设计”。尽管学生们以前没有学习过相关的课程，但是这次讲座受到了学生们的欢迎，前来听讲座的学生人数众多。很多学生都曾在各种福利设施内实习过，讲座的内容唤起了学生们的亲身经历和感受，很多学生对笔者讲述的内容充满了兴趣。通过学生的反应，笔者进一步地认识到，要想改善日本今天医疗福利设施的环境，不仅需要设计师的勤奋工作，而且还需要包括政府官员、使用者、家属等方方面面的关心和支持。

经过与彰国社的尾关惠编辑的多次商谈，在尾关惠编辑的具体指导下，笔者将原来的讲义修改成普通人士也能够读懂的出版文稿。作者曾经和 Hitomi Umesawa 女士一起参加了日本医疗福利建筑协会组织的海外考察活动。Hitomi Umesawa 女士对装饰色彩颇有研究，是色彩设计领域的专家。Hitomi Umesawa 女士通过使用者的视角为人们描述了各种不同的色彩给人的感觉，提出了不同场合下色彩平衡的绝妙操作方法。为此邀请 Hitomi Umesawa 女士与我共同执笔来完成本书的创作，Hitomi Umesawa 女士不愧为最佳的合作人选。

尽管本人参加设计过各种各样的设施建筑，但是遇到儿童福利设施的项目还是感到十分的棘手。由于日本相应的儿童福利设施数量很少，因而有设计经验的人士和可以借鉴的样本也不多。2004 年大阪府社会福利协会举行了调查研讨会，调查研讨的主题是“关于改善儿童养护等福利设施的居住环境”，本人作为协会的成员参加了这场研讨会，会后有幸获得了考察的机会，参加了协会组织的对日本国内、海外相关福利设施的考察活动。本人将考察的成果和收获加以整理并通过本书介绍给广大读者，很多人都对儿童养护设施有浓厚的兴趣，希望了解设施内的孩子们在怎样的环境中生活，笔者尽可能地选取更多的实例介绍给读者。

本书的定稿比原先约定的时间滞后了很多，现在终于可以出版印刷了。在此本人衷心感谢日本国内和众多海外福利设施内相关人员的大力支持；感谢本书另一作者 Hitomi Umesawa 女士的鼎力相助；感谢彰国社的尾关惠编辑的细心指导；最后还要感谢长期支持我的丈夫，他从建筑工程专业的视角对全书进行了细致修改和校正。

现在越来越多的日本人对自己动手去装饰生活空间充满了

兴致，书店也摆放了各种各样的关于室内装饰的书籍。在这样一种大趋势下，人们更应尽早认识到室内装饰对医疗福利设施的必要性和紧迫性。应当从现在开始动手改善医疗福利设施的空间环境，再也不能出现“不想住进这样的设施”的现象了。如果本书能为读者提供某种借鉴和参考的话，那是本人荣幸之至的事情。

Ruriko Nii

2006 年 12 月

作者

Ruriko Nii（二井るり子）

1957 年　出生于日本爱媛县

1979 年　从日本奈良女子大学家政学部家居专业毕业

1982 年　在日本大阪府政府从事公务员的工作，先后在土木部、总务部、福利部任职。

1992 年　辞去公职。而后致力于改善医疗福利设施内的居住环境，并且参加了很多福利设施项目的调研、规划、设计工作。

现在　担任二井清治建筑研究所的副所长、NPO 法人福利舒适环境研究所副理事长、社会福利理事等职。

著作　曾经与他人合著《智障患者的福利设施之装饰设计》（彰国社，2003 年出版）

Hitomi Umesawa（梅泽ひとみ）

1954 年　出生于日本东京

1977 年　从日本圣心女子大学文学部教育学科心理学专业毕业

1977 年　在日本圣心女子大学心理学研究室工作

1981 年　辞去日本圣心女子大学的工作，开始同富家直教授在日本色彩研究所从事“色彩感情空间”领域里的研究。

1985 年至今在桑泽设计研究所担任色彩学 · 造型心理学的讲师，专门从事医疗福利建筑环境领域内的色彩研究。曾经主持过东京临海医院、东邦大学医疗中心大森医院、济生会横滨市东部医院的色彩设计项目。

译者

陈　浩

北京联合大学管理学院院长助理，多年来从事教学、行政管理工作。20 世纪 90 年代初曾在日本进修，翻译并出版著作多部，其中作为副主编参加编写的《墙面装饰工程施工技术》一书，被教育部评为 2008 年度国家级精品教材。

陈　燕

北京协和医院副主任医师，曾长期在干部病房从事临床医疗工作，对老龄人士的治愈环境和不同人士的就诊心理颇有研究。